W0380128

Pour en finir
avec les histoires d'eau

Jean de Kervasdoué
et
Henri Voron

Pour en finir avec les histoires d'eau

L'imposture hydrologique

PLON
www.plon.fr

© Plon, 2012
ISBN : 978-2-259-21610-4

Sommaire

SECONDE PARTIE

ÉCOLOGIE DE L'EAU, ÉCOLOGIE DE LA PLANÈTE
LIEUX COMMUNS ET IDÉES FAUSSES

Préambule

L'eau est la vie, mais elle est aussi la ville, comme elle est le progrès et la libération des femmes de corvée d'eau depuis les premiers jours de l'humanité.

Les deux auteurs de cet ouvrage sont suffisamment âgés pour avoir conçu comme jeunes ingénieurs des projets d'adduction d'eau pour des communes rurales de l'est de la France qui, à la fin des années 1960, ne disposaient pas d'eau courante. Le maillage du territoire national ne s'achèvera d'ailleurs que vingt ans plus tard, et encore, pas partout. Il est difficile d'imaginer aujourd'hui, même un instant, ce que serait notre vie avec seulement un puits, un point d'eau, une citerne pour nos usages domestiques ! Difficile en effet, mais quel changement pour ceux qui l'ont vécu ! Quelle libération !

Nous nous souvenons aussi de l'animation des lavoirs communaux et, plus douloureusement, en hiver, des engelures des lavandières. Nous avons en mémoire l'odeur du savon les jours où, faute de machine à laver, l'on faisait les « grandes lessives » dans des lessiveuses en zinc qui embuaient une bonne partie de la maison. « Eau à tous les étages » était encore signe de modernité à la fin des années 1950, et jusqu'au milieu des années 1960 il n'y avait qu'un point d'eau aux étages supérieurs, ce qui paraissait alors, pour les bourgeois, bien suffisant pour les « chambres de bonnes ».

Si Jean de Kervasdoué n'a consacré qu'une petite partie de sa vie professionnelle à la maîtrise de l'eau dans un pays sahélien, Henri Voron réside une partie de l'année au Burkina Faso où il enseigne toujours l'hydraulique dans une école d'ingénieurs. Il a également, pendant plusieurs années, suivi les problèmes d'adduction d'eau potable et d'assainissement pour l'agglomération lyonnaise.

L'eau sous toutes ses formes, l'eau pour tous les usages, et avec elle la vie qui change. Les terres arides, avec l'arrivée de la « main d'eau », donnent deux récoltes par an, la santé des enfants s'améliore, les femmes se libèrent, les rues deviennent propres, les pompiers disposent de quantité illimitée... Quel incroyable progrès que l'eau courante et toujours potable qui évite, notamment, de se demander si elle pourrait ne pas l'être ! Or cette eau-là n'est pas tombée du ciel.

Première partie

Cette eau si mal connue

1

Brève histoire d'eau

Les histoires d'eau sont aussi des histoires politiques, et l'eau, plus que tout peut-être, marque le système social d'une époque. Dans un livre fascinant, André Guillerme[1] rappelle : « Que ce soit la conquête romaine qui efface la puissance des druides, la féodalité qui naît de l'effondrement carolingien ou l'ordre bourgeois – l'opinion publique – qui refuse l'absolutisme royal [...] le nouvel ordre politique [s'emploie à] sauvegarder les éléments vitaux, l'air et l'eau, en éloignant de la ville les foyers des miasmes. L'eau claire et vive au Moyen Age, l'eau distribuée par aqueduc à l'époque romaine, le bon air et l'eau sous pression à notre époque, deviennent symboles de propreté, de santé, de richesse urbaine. A l'hygiène du corps fait pendant l'hygiénisation de la ville. La cité contrôle son écosystème. » Le lecteur remarquera qu'une époque historique n'est pas citée : celle qui va de la

1. André Guillerme, *Les Temps de l'eau – La cité, l'eau et les techniques, Nord de la France, fin* III*e* *siècle-début* XIX*e* *siècle*, coll. « Milieux », Champ Vallon, 2009.

Renaissance au début de la Révolution industrielle, l'époque «moderne» des historiens, et pour cause : elle n'était pas vraiment hygiénique!

L'importance de la ville du Moyen Age se mesure par le nombre et la puissance des «roues» à aubes, celle des moulins, source de revenus pour les féodaux et les abbayes. Les «métiers de la rivière» (massacrerie, boucherie, tannerie, mégisserie...), non seulement sont complémentaires, mais se suivent le long du courant. Le tanin réduit l'effet polluant des déchets de boucherie. Les rivières du Moyen Age sont peu polluées, «la présence de viviers en aval de ces ateliers en est une preuve suffisamment éloquente». La grande industrie des villes, «"les métiers drapants" des XIIe et XIIIe siècles apparaissent neutres tant pour l'air que pour l'eau». Comme la qualité du drap est fonction de la qualité de l'eau, «les autorités locales cherchent à garantir la pureté de l'eau et de l'air de leur ville en créant des égouts ou en transférant les hôtels-Dieu à la périphérie lorsqu'elles décident de les agrandir». La ville est propre, l'eau court, mais les choses vont changer en Europe avec la découverte de la poudre à canon. Car, du fait de la nouvelle puissance des machines de guerre, il importe que l'ennemi s'éloigne des remparts pour qu'il ne puisse pas les détruire en tirant à bout portant.

Une deuxième ligne de défense se construit et, entre les deux, «les eaux stagnantes des villes ceinturent la ville; elles la contraignent à conserver à l'intérieur de ses murs ses détritus et l'enveloppent d'une forte nébulosité». L'urine sert à dégraisser la laine; les teintes des étoffes sont fixées grâce à un séjour prolongé dans des bains d'eau chaude. Les étoffes aux couleurs vives sont splendides, mais les ouvriers travaillant dans une buée toxique ne survivent pas longtemps. Déjà, « l'opulence du marchand est nécessairement fondée sur la pauvreté du fabricant[2] ». Quant au salpêtre, exigé de chaque ville par le pouvoir royal car utilisé pour la poudre à canon, il se récolte sur des toiles imprégnées d'urine.

Les villes sont humides parce que ces industries sont des industries de la putréfaction, pas seulement pour le salpêtre, mais aussi pour rouir le chanvre et le lin comme pour travailler la toile, le cuir et fabriquer le papier. Les immondices se déposent intra-muros, les eaux sales engorgent la ville, une seule ville (Amiens) dispose de latrines publiques. Toujours selon André Guillerme, « l'excrémentiel gagne aussi le domaine scientifique... *La Pharmacie de la merde, c'est-à-dire comment presque toutes les maladies, même les plus graves, peuvent être guéries au moyen de la merde et de l'urine* de Paullini connaît trois éditions », dont la dernière date de 1748 !

De surcroît, le climat se refroidit, or les chroniques chinoises, comme les chroniques européennes, montrent que quand la température baisse le malheur s'installe, les rendements des cultures décroissent, la sous-alimentation gagne, les pestes trouvent alors dans une population dénutrie un vecteur de leur propagation. Environ 35 % de la population du nord de l'Europe

2. Simon Linguet, *Canaux navigables ou développement des avantages qui résulteraient de l'exécution de plusieurs projets en ce genre pour la Picardie, l'Artois, la Bourgogne, la Champagne, la Bretagne et toute la France en général*, Paris, 1769 ; *in* André Guillerme, *op. cit.*

meurt de la peste noire entre 1348 et 1349. Nous ne croyons pas que l'on puisse se représenter ce que signifie la perte d'une personne sur trois.

André Guillerme parle d'« économie "fongique" qui régit la ville du XIVe au milieu du XVIIIe siècle. Une nouvelle mentalité émerge de l'humidité spécifique de cette dépression climatique ; elle s'imprègne de l'"excrémentiel" et de la peur du quotidien, que la guerre exacerbe ». Au cas où serait découverte la machine à remonter le temps, il faudrait conseiller à ses inventeurs, qui auront comme nous l'odorat sensible, de s'arrêter plutôt au Moyen Age qu'au siècle de Louis XIV. Non seulement il y faisait plus chaud, mais des villes n'émanaient pas encore les odeurs du « grand siècle », époque où plus une ville était puante, plus elle était riche.

La chimie s'est donc d'abord appuyée sur l'organique, elle ne deviendra minérale qu'à la fin du XVIIIe siècle, notamment grâce à Lavoisier, son inventeur, mais aussi le fondateur de la santé publique[3]. Il découvre le lien entre cette putréfaction et l'insalubrité des habitations et des villes. L'eau stagnante devient l'ennemie, et la maîtrise de l'eau prend la dimension d'un projet politique majeur. « Chaque royaume, chaque province, chaque ville a ses besoins en hydraulique ; la nécessité, la commodité, le luxe ne peuvent se passer du secours de l'eau ; il faut la conduire au centre

3. Gérard Jorland, *Une société à soigner – Hygiène et salubrité publique en France au XIXe siècle*, Gallimard, coll. « Bibliothèque des histoires », 2010.

de nos habitations, nous garantir de ses ravages, lui faire mouvoir des machines qui soulagent nos faiblesses, décorer nos demeures, embellir et nettoyer nos villes, augmenter ou conserver nos domaines, transporter de province en province, ou d'un bout du monde à l'autre, tout ce que le besoin, la délicatesse ou le luxe ont rendu précieux aux hommes ; il faut contenir les grands fleuves, changer le lit des rivières, creuser les canaux, bâtir des aqueducs. » C'est le programme de Buat[4], toujours d'actualité pour la très grande majorité des pays du Sud. Deux siècles et demi plus tard, ce programme semblerait dans les pays riches toucher ses limites et, nous assène-t-on, se heurter à la pénurie : l'eau s'épuiserait et celle qui serait accessible serait polluée.

Si c'est à la fin du XVIIIe siècle que la chimie de synthèse remplace celle de la fermentation, si l'humanité apprend pour son bienfait à maîtriser l'usage des toxiques, comme l'eau de Javel, si elle en retire d'immenses bénéfices en terme de santé publique, il semblerait que cette chimie-là ne soit pas non plus sans inconvénients. Aussi, l'on défend aujourd'hui, sinon le retour au naturel, du moins les vertus du « bio », du « durable », tout en soulignant les excès de cette même chimie. Non seulement l'eau serait porteuse de substances toxiques, mais la planète pourrait en manquer.

4. Pierre Louis du Buat, *Principes d'hydraulique; ouvrage dans lequel on traite du mouvement de l'eau dans les rivières, canaux, etc.*, Première édition, Paris 1779, *in* André Guillerme, *op. cit.*

Avec les quelques paragraphes qui suivent, voici comment l'on conçoit aujourd'hui les problèmes de l'eau. Nous verrons que la réalité est heureusement tout autre.

Alors que les Occidentaux en gaspillent, les déshérités de la planète n'en disposent pas, ou plus, car, exportant leurs fruits et légumes, ces pays pauvres exportent aussi de «l'eau virtuelle», cette eau qui a servi à les cultiver dans ces pays si avides d'eau pourtant, pour leur population. Par ailleurs, les déserts avancent en Chine comme en Afrique. Les carcasses de bateaux attendent en vain une remontée de la mer d'Aral. Alors que cette pénurie touche en priorité les zones semi-désertiques, les pays tempérés, comme la France, sont également atteints. Limiter la consommation d'eau est un devoir. Prendre des douches plutôt que des bains est une nécessité morale. Investir pour arrêter les fuites dans les réseaux est une obligation des collectivités locales. Laver sa voiture en période de sécheresse est irresponsable et doit être prohibé. Quant à remplir une piscine en période de canicule, c'est un acte d'une incivilité majeure.

Comme l'indiquait, apparemment à juste titre, Mme Kosciusko-Morizet[5] *au début de la sécheresse du printemps 2011 : «Il s'agit d'abord de restreindre les usages les moins prioritaires, les pelouses, le remplissage des piscines privées, le lavage des voitures... L'objectif est de limiter la pression sur les usages économiques, notamment l'agriculture.» D'autant que l'agriculture recourt de plus en plus à l'irrigation et que les agriculteurs ont voulu à tout prix*

5. Séance du 10 mai 2011 à l'Assemblée nationale.

cultiver dans les zones tempérées une plante tropicale qui requiert énormément d'eau : le maïs. Faut-il abandonner ce modèle agricole productiviste basé sur l'irrigation et revenir à une agriculture plus durable, plus économe ? De surcroît, les villes doivent prendre l'exemple de Milan où, dans les environs de cette agglomération, 22000 hectares ont été irrigués grâce au recyclage des eaux usées.

Mais le manque d'eau ne concerne pas que l'agriculture. En effet, quand baisse le niveau des rivières, quand leur eau s'échauffe, le refroidissement des centrales nucléaires devient problématique d'autant qu'à leur tour elles vont participer à ce réchauffement. « La sécheresse met-elle en péril l'alimentation électrique, voire la sûreté des réacteurs nucléaires ? C'est ce que prétend Stéphane Lhomme, président de l'Observatoire du nucléaire, qui redoute un "black-out nucléaire" l'été 2011, mais aussi "la fusion du cœur" de certains réacteurs en bord de rivières, privés de source de refroidissement[6] ».

Construire des barrages sur le Nil, l'Amazone ou le Mékong conduit à déplacer des populations, participe à la déforestation et détruit les écosystèmes préexistants. Ainsi le Vietnam s'inquiète-t-il, à juste titre, des travaux lancés au Laos sur le Mékong pour la construction du barrage de Xayaburi et demande-t-il un moratoire de dix ans. Pour se convaincre des ravages des barrages, il suffit de regarder le lac de Poyang, le plus grand lac d'eau douce de Chine : il s'assèche parce qu'un gigantesque ouvrage d'art a été construit en amont. « Pékin incrimine la baisse des pluies, masquant la responsabilité du bar-

6. Hervé Morin, « Le refroidissement des réacteurs nucléaires fragilisé par le manque d'eau », *Le Monde*, mardi 17 mai 2011.

rage des Trois-Gorges» titre Le Monde[7]. *Les guerres de l'eau pour la maîtrise de l'eau du Nil sont annoncées en Afrique entre l'Ethiopie, le Soudan et l'Egypte. Plus inquiétant encore, au Moyen-Orient, un conflit pour l'eau se prépare entre la Turquie et l'Irak.*

Non seulement l'eau manque, mais celle qui est accessible est polluée. Ainsi, au Bengladesh, en autorisant la population à creuser des puits et à y installer des pompes, de l'arsenic a été libéré et empoisonne la population. Un phénomène analogue existe en Guyane française où, là, il s'agit de mercure qui, en se libérant, prend des formes solubles et absorbables par les êtres vivants.

Il n'est pas nécessaire, d'ailleurs, d'aller chercher loin des exemples de pollution. Celle des nitrates déversés par les agriculteurs bretons ne vient-elle pas polluer les fragiles nappes phréatiques de l'ouest de la France, rendre impropre cette eau à la consommation humaine et contribuer à la prolifération des algues vertes dont la fermentation peut être fatale pour les animaux comme pour les hommes. L'eau, l'eau si nécessaire, si vitale, si belle est souillée par la légèreté des hommes. Amen !

Nous allons montrer que cette vision apocalyptique est, pour l'essentiel, infondée. La réalité est plus heureuse et la vérité est à l'opposé de ce tombereau de lieux communs.

Certes, la mer d'Aral s'assèche ; certes, certaines ressources en eau sont polluées et certaines nappes

7. Harold Thibault, « En Chine, le plus grand lac d'eau douce est à sec », *Le Monde*, mardi 24 janvier 2012.

phréatiques libèrent des sels minéraux les rendant impropres à la consommation, voire à l'agriculture ; certes, il ne pleut pas plus aujourd'hui qu'hier dans les zones arides, mais pas moins non plus. **La majorité des drames énoncés dans les lignes précédentes et annoncés à grand renfort de presse ne se produiront pas.**

L'eau dans les pays tempérés est abondante, propre, accessible et, sauf de très rares exceptions dont nous parlerons, ne demande aucun rationnement. Quant aux guerres de l'eau, elles n'auront pas lieu parce que, après un barrage hydroélectrique, l'eau reste localement disponible. Elle ne fait que passer après avoir offert l'énergie de sa chute dans son chemin vers la mer, sans avoir en rien spolié les pays voisins. Elle descendrait de toute façon, et prélever son énergie au passage, non seulement ne nuit à personne, mais de surcroît évite que les sols ne se ravinent en aval du fait de la force de l'eau, notamment en période de crue. Par ailleurs, si un barrage, sous certains climats, entraîne des pertes par évaporation dans le lac de retenue, il permet également de conserver l'eau des crues qui, sans lui, iraient jusqu'à la mer en entraînant des drames sur son passage, drames habituels des crues et des inondations qui les accompagnent. Or, le bilan entre évaporation d'un côté et conservation des crues de l'autre est en général positif.

Quant à la consommation humaine, ce n'est pas une « consommation » au sens où on l'entend pour les aliments. L'eau passe, certes elle se charge au passage de déchets polluants – notamment d'urée –, mais elle n'est pas détruite après avoir offert son pouvoir désaltérant.

Elle poursuit aussi son chemin qui, une fois encore, va vers la mer après en avoir été provisoirement détourné. Seule l'irrigation rend l'eau localement indisponible. En effet, les plantes « l'évapotranspirent », comme le disent les agronomes pour décrire ce phénomène de physiologie végétale qui commence par l'absorption de l'eau du sol par les racines et se termine par son évaporation dans les feuilles, ou ce qui en tient lieu, les aiguilles de pin, par exemple. L'eau ne sera alors plus disponible localement. Elle s'est évaporée, mais elle n'a pas disparu ; elle apparaîtra ailleurs, plus loin, un jour, sous forme de pluie ou de neige. S'il est moins onéreux de prendre une douche qu'un bain, les recommandations en la matière ne sont le plus souvent que des gestes symboliques ou sacrificiels pour « sauver la planète ».

Sur la base de chiffres précis des ressources en eau de la terre, comme de leur consommation par les humains, nous montrerons que l'eau est abondante et ne nécessite le plus souvent, une fois encore, aucun rationnement. Par ailleurs, éviter de prendre une douche à Paris ne permet malheureusement pas d'arroser le Sahara. Ce livre d'hydrologues est rationnellement « hydro-optimiste » et réconfortant, à rebours de l'« hydro-pessimisme ambiant ». Le lecteur en jugera.

Car les variations climatiques ne datent pas d'hier[8]. La Bible, dans le Premier livre des Rois, parle ainsi

8. Nous remercions Michel Béra de nous avoir rappelé ce passage de la Bible.

d'une longue sécheresse. Elie apparaît dans l'histoire pour avertir Achab, le roi d'Israël, de la survenue d'une sécheresse causée parce qu'il empêche la pluie de tomber. La sécheresse annoncée par Elie dura plus de trois ans. La troisième année de sécheresse, Dieu renvoie Elie auprès du roi Achab. Le roi convoque le peuple et tous les prophètes sur le mont Carmel. Elie est seul face à quatre cent cinquante prophètes de Baal. Chaque camp choisit des taureaux pour en faire offrande à son dieu, mais sans y mettre le feu. Les prêtres de Baal s'agitent mais en vain, le feu ne vient pas consumer leurs offrandes. Elie fait un autel et place les offrandes qu'il fait arroser d'eau par trois fois. Il fait alors une prière et le feu s'abat sur l'autel. Alors Elie donne l'ordre de se saisir des prêtres de Baal et il les égorge. Elie dit à Achab de retourner en char à Jizreel avant que la pluie ne l'arrête, la pluie se met à tomber, tandis qu'Elie devance Achab en courant[9].

Au-delà de cette référence biblique, nous n'invoquerons pas non plus la culpabilité humaine dans le réchauffement de la planète, mais pour l'essentiel, une discipline scientifique : l'hydrologie. L'hydrologie, science mal connue, étudie le cycle de l'eau : les pluies, leur ruissellement sur les sols, puis dans les rivières et les fleuves, les pertes par évaporation, l'infiltration dans les nappes phréatiques. Elle mesure les volumes d'eau mis en jeu au niveau mondial, comme au niveau

9. Une manière d'interpréter cette vieille histoire serait d'émettre l'hypothèse que les prêtres de Baal avaient probablement par leur feu fait remonter des particules, et comme cela se passait juste avant un orage, ces particules ont déclenché la pluie, et le tonnerre a fait le reste...

local, elle évalue les débits en mètre cube (m^3) par seconde, comme les volumes annuels qui coulent dans les réseaux hydrographiques.

Nous souhaitons, à partir d'exemples précis, et en relevant des croyances aussi fausses que répandues, donner un accès à la fois ludique et rigoureux à nos lecteurs, en tordant le cou au passage à tous ces lieux communs. Cet ouvrage d'hydropolitique se veut être aussi une « Hydrologie pour les nuls ». Ainsi, pour commencer, si les habitants de Paris ont bien dans la tête qu'il arrive que *sous les ponts de Paris s'envole une chanson*, peu d'entre eux ont l'idée que 10 milliards de m^3 d'eau passent aussi, chaque année, en moyenne, sous le Pont-Neuf. Cela représente 5 000 m^3 par habitant de la ville, chiffre stable, malgré les prélèvements de l'agglomération parisienne. Il y a donc encore de quoi prendre quelques bains, sans assoiffer le reste de la planète (un bain ne représente que 0,15 m^3; soit 150 litres).

Oui, les chiffres comptent, ils donnent une idée, des arguments, des ordres de grandeur. Or, les « sonneurs d'alerte », les procureurs du « manque d'eau » ou du tarissement de l'eau potable, comme les reporters des « guerres pour l'eau », ne donnent jamais le volume de ces prétendus « manques » ou les causes hydrologiques de ces guerres annoncées. Pourtant, si en la matière nous avons à craindre quelque chose, ce n'est pas le manque mais l'excès d'eau car, hélas, de très grosses crues sont à venir. Le XXIe siècle connaîtra aussi des inondations catastrophiques et meurtrières, y compris en France. L'hydrologie montre qu'il y a toujours beaucoup d'eau, et parfois trop. Elle permet en outre de calculer la fréquence prévisible des grandes inondations toujours dangereuses, comme des grandes sécheresses qui le sont moins. Qui pourrait dire que la catastrophe écologique la plus meurtrière de ces trois dernières années n'a pas été le tsunami de Fukushima, mais une inondation au Pakistan qui a tué plus de 20 000 personnes, en a déplacé des millions et noyé une surface représentant 40 % de la superficie de la France ? Oui, il s'agit bien de 200 000 kilomètres carrés (km^2), soit 20 millions d'hectares !

Le manque d'eau ne menace pas l'humanité, en revanche, des investissements considérables sont nécessaires pour produire plus et mieux d'eau potable, notamment dans les pays pauvres. Si la ressource en eau est très abondante, il faut la mobiliser pour la mettre à la disposition des usagers. Des pénuries existent, et elles concernent le tiers de l'humanité – deux milliards d'êtres humains –, mais ce n'est pas un problème d'eau brute, toujours disponible pour peu qu'on la cherche, c'est un problème d'argent. Force est de constater que la solidarité est moins abondante que l'eau.

Cette démonstration sera donc argumentée à partir de mesures de pluviométrie, de ruissellement, du débit des fleuves en hautes et basses eaux, de capacité des barrages... Mais, surtout, nous allons raconter les voyages de l'eau et ses mutations.

Les chiffres cités proviennent en grande partie d'ouvrages d'hydrologie, mais aussi de nombreuses sources disponibles sur Internet.

Commençons donc le voyage de l'eau dont l'homme a toujours recherché et craint la compagnie.

2

La terre ne manque pas d'eau

Beaucoup, beaucoup, beaucoup d'eau, et plus encore

Avoir l'idée de quelques phénomènes naturels et de quelques chiffres avant d'accompagner les voyages de l'eau paraît nécessaire. Rien d'ennuyeux dans cette préparation à cette expédition aquatique tant certains phénomènes familiers sont mal connus et tant quelques chiffres étonnent et remettent déjà les idées en place.

La planète « mer »

Vue de la lune, la terre est une sphère bleue drapée de voiles blancs. Les océans couvrent 70 % de sa surface. Souvent voilés par les nuages, ses continents sont peu visibles. L'eau, sous toutes ses formes, façonne le visage cosmique de la terre.

Sa superficie totale est de 510 millions de km^2, soit 51 milliards d'hectares. Les océans représentent 36 milliards d'hectares, les terres émergées 15 milliards d'hectares. Quant à la France métropolitaine, elle couvre une surface de 550 000 km^2 (55 millions d'hectares) soit un millième de la planète et 0,3 % des terres émergées.

De l'eau en perpétuel mouvement : le cycle de l'eau

Sous l'action de la chaleur du soleil, l'eau s'évapore sur les mers comme sur les continents, puis retombe sous forme de pluie ou de neige, le plus souvent sur la mer, mais aussi, pour un tiers des précipitations, sur la terre ferme. Cette eau alimente les sols, ruisselle, s'infiltre dans les nappes phréatiques et s'écoule dans les rivières et les fleuves avant de rejoindre la mer. **Du fait de l'attraction terrestre, l'eau ne s'échappe pas dans le vide intersidéral, elle reste sur terre. Elle ne va donc pas soudainement disparaître sous prétexte que la terre s'est réchauffée de 1 °C au xxe siècle.**

Toutefois, elle passe d'un stade à l'autre et d'un lieu à l'autre ; elle se transforme, voyage. Ce qui va compter pour l'écosystème planétaire, c'est une toute petite partie de cette masse considérable, c'est l'eau en mouvement, et notamment celle de l'atmosphère car elle y reste peu, environ une dizaine de jours avant de retomber sur terre ou sur mer.

Il existe sur terre trois grands réservoirs d'eau : la mer, la terre et l'air.

La mer

Avec 1388000000000000000 m^3, soit 1338 millions de milliards de m^3 – ou de tonnes d'eau –, le réservoir océanique est de très loin le plus volumineux. Ce stock formé d'eau salée est la principale source d'évaporation et donc de pluies. Il constitue aussi un stock de chaleur, qui alimente cette forte évaporation et régule le climat, car, si le mètre cube d'air pèse un kilogramme, le mètre cube d'eau pèse une tonne, l'eau stocke donc environ mille fois plus de chaleur par mètre cube que l'air[10]. Et comme la masse des océans est très supérieure à la masse de l'atmosphère, Hendrik Tennekes[11] estime que la capacité de stockage de la chaleur par les océans représente environ 1000 fois celle de l'atmosphère. Ainsi, selon lui : « Quelques mètres d'eau contiennent autant de chaleur que l'atmosphère entière. Les océans sont la principale source de vapeur d'eau qui fait que la dynamique atmosphérique de notre planète est à la fois intéressante et excessivement complexe. »

La terre

Les stocks continentaux, y compris sous forme de glace, représentent 48 millions de milliards de m³, soit 3,5 % de la masse de l'eau de mer. Si l'eau douce ne représente qu'une faible proportion de l'ensemble de l'eau de la planète, on peut difficilement prétendre qu'elle soit rare : 48 000 000 000 000 000 m³ d'eau, c'est encore beaucoup d'eau. Toutefois, **les stocks de glace, et surtout ceux de l'Antarctique et du Groenland, ne sont pas des « réservoirs » d'eau douce, ce sont des roches**. En Antarctique, l'inland-

10. L'inertie calorifique est proportionnelle à la masse et non pas au volume.

11. André Legendre, *L'homme est-il responsable du réchauffement climatique ?*, EDP Sciences, coll. « Bulles de sciences », 2009.

sis, l'autre nom pour désigner ce bouclier de glace, est en place depuis quinze millions d'années. L'exploitation de cette « eau douce », qui a été évoquée ici ou là, n'est pas rentable, et son exploitation constituerait une grave atteinte à l'environnement. La glace n'est pas de l'eau douce[12], c'est de la glace, et sa température moyenne au pôle Sud est de moins 70 °C.

Le volume de la glace de l'Antarctique est estimé à 30 millions de milliards de m^3, et celui du Groenland à 2,6 millions de milliards de m^3. Au total, en comptant les glaciers alpins, andins et ceux de l'Himalaya, on peut estimer que 33 millions de milliards de m^3 sont quasiment immobilisés sous forme de glace.

Pas tout à fait cependant, parce que tous les glaciers, y compris ceux des zones tempérées, participent un peu à ces voyages de l'eau. Comme l'illustre la « Mer de Glace » à Chamonix, la glace a une certaine plasticité. Sous l'effet de la pesanteur, elle descend et forme des glaciers. Aux ruptures de pente, cette plasticité trouve ses limites ; c'est là que se forment des crevasses séparées par des séracs, dont les montagnards connaissent les dangers. Ces fleuves de glace participent donc un peu au cycle de l'eau, comme s'ils étaient formés d'eau libre. Toutefois, leur vitesse d'écoulement est très lente : environ un mètre par jour, contre un mètre par seconde pour les rivières ou fleuves, mais le résultat est le même. Au fur et à mesure de leur descente, les glaciers trouvent des tem-

12. Sauf quand elle fond dans les seaux à champagne, les verres à whisky et, plus abondamment, au moment de la fonte des neiges dans les zones tempérées.

pératures plus élevées et fondent. Il se forme alors un torrent sous-glaciaire qui sort sous la langue terminale pour rejoindre le réseau hydrographique d'eau liquide. A Chamonix, le torrent sous-glaciaire rejoint l'Arve, qui se jettera dans le Rhône à Genève. Le réchauffement climatique observé depuis 1850 entraîne un recul des glaciers continentaux. Le stock de glace dans les Alpes baisse. Pour autant, il ne faut pas en conclure que le volume d'eau disponible dans les fleuves à l'aval desdits glaciers baisse. Pour cela, il faudrait qu'il neige ou qu'il pleuve moins depuis 1850 dans la partie supérieure des bassins versants concernés, ce qui n'a pas pu être démontré. Dans le cas du Rhône, notamment, on n'a observé aucune réduction de débit moyen depuis cent cinquante ans. **Le stockage provisoire de l'eau, dans un lac ou sous la forme d'un glacier, ne change rien au cycle de l'eau**, à ses données fondamentales et aux volumes écoulés dans les rivières. On peut en revanche légitimement soutenir l'hypothèse inverse : en période de fonte, donc de déstockage, le débit des fleuves issus des glaciers est légèrement augmenté. *A contrario*, en période d'avancée des glaciers, le stockage annuel de glace réduit d'autant l'eau libre disponible à l'aval du glacier concerné, même si cet impact est modeste.

Avec ou sans glaciers, toutes les montagnes du monde sont des châteaux d'eau. L'eau se place dans les fissures et les parties perméables pour former des milieux poreux aquifères. Même sans glaciers, toutes les montagnes stockent de l'eau pendant les périodes humides pour la restituer en périodes plus sèches. Il n'y a pas de glaciers pour alimenter l'Amazone, le fleuve le plus puissant du monde, pas plus que l'Orénoque ou le Rio de la Plata en Argentine ; c'est aussi le cas du Nil, le fleuve le plus long du monde, du Congo, du Zambèze, des grands fleuves sibériens, du Mississippi et du Saint-Laurent. En France, seul le bassin versant du Rhône compte une masse glaciaire significative avec 16 milliards de m^3 d'eau emmagasinés. Ce qui n'empêche pas Seine, Loire et même Garonne, dont les bassins versants ne comprennent pas de glacier, d'avoir un débit cumulé supérieur à celui du Rhône.

Après cette parenthèse montagnarde, quoi qu'il en soit, **ne restent comme eau douce libre « que » 15 millions de milliards de m^3. Soit 15 000 000 000 000 000 m^3**. Ce stock d'eau, douce et relativement « chaude » se trouve dans les lacs, les rivières et fleuves mais aussi dans les nappes phréatiques et les sols humides. **Les sept milliards d'êtres humains disposent donc chacun d'un stock d'eau douce liquide d'un peu plus de deux millions de m^3 ; de quoi étancher une petite soif et arroser quelques fleurs.**

L'air

L'atmosphère est le moins volumineux de ces trois réservoirs, il ne contient que 17 000 milliards de m^3 sous forme soit de vapeur, soit de fines gouttelettes d'eau ou de glace qui forment les nuages. Le stock continental d'eau libre est donc mille fois supérieur à celui de l'atmosphère, néanmoins les quantités d'eau échangées y sont très importantes et se font en permanence, comme nous allons le voir.

L'eau retourne toujours à la mer

Ne pouvant s'écouler ailleurs, l'eau de mer ne s'échappe que par évaporation, et le plus souvent va de la mer à... la mer. En effet, si le volume annuel total de l'évaporation est de 505 000 milliards de m^3, 458 000 milliards de m^3 retomberont en mer sous forme de pluie. Comme l'ensemble de tous les fleuves de la planète déversent en mer 47 000 milliards de m^3, ceci compense cela, et le niveau de la mer reste constant. Le cycle mondial de l'eau n'a pas d'impact sur le niveau de la mer. Ce dernier chiffre doit être gardé en mémoire car il représente la masse d'eau facilement utilisable par les hommes, on pourrait l'appeler : « l'abondance brute mondiale ». Chacun des 7 milliards d'humains pourrait disposer de 6 700 m^3, aujourd'hui « gaspillés », si l'on peut dire, car ils retournent à la mer. Tout simplement parce que l'homme n'en a pas besoin ! La pénurie globale n'est pas pour demain : l'humanité, même avec 10 milliards d'êtres humains, aurait du mal à « consommer » ces 47 000 milliards de m^3 d'eau s'écoulant dans les fleuves. Mais avant de revenir là d'où elle venait, l'eau tombe du ciel puis s'évapore ou ruisselle et s'infiltre.

L'eau tombe

Ce sont les précipitations sous forme de pluie et de neige qui forment l'apport d'eau. Il est traditionnel de les mesurer en millimètres par an (mm/an).

En France, la pluviométrie moyenne depuis cinquante ans est de 889 mm[13], soit 889 litres (ou 0,89 m^3 par m^2), ou encore 8900 m^3 ou tonnes d'eau par hectare. A Paris, il ne pleut que 650 mm[14], il tombe ainsi sur les 100 km^2 de la ville de Paris 65 millions de m^3 d'eau par an, soit environ 32000 litres (32 m^3) par habitant.

Une partie s'évapore

Après une précipitation, quelle qu'elle soit, où qu'elle soit, le volume d'eau tombé se partage en deux parties. La première va rapidement s'évaporer ou être reprise par les racines des plantes, et être « évapotranspirée » par les végétaux naturels ou cultivés ; la seconde va ruisseler ou s'infiltrer pour rejoindre les nappes phréatiques, les ruisseaux, rivières et fleuves et, un jour, la mer. Le coefficient de ruissellement est le pourcentage de l'eau tombée qui ruisselle ou s'infiltre. Cette notion joue un rôle essentiel en hydrologie.

---

13. Source : site Internet du ministère de l'Ecologie et du Développement durable. Au total, le volume de pluie tombant sur la France est de 486 milliards de m^3, en moyenne mesurée depuis cinquante ans.

14. Source : Météo France, *Statistiques climatiques de la France 1971-2000.*

L'autre ruisselle

Sur les 119 000 milliards de m^3 de pluie qui tombent sur la terre ferme, 47 000 milliards de m^3 s'infiltrent ou ruissellent dans les rivières et fleuves. Le coefficient de ruissellement moyen mondial est donc de 39,4 %[15]. Localement, ce coefficient varie notamment en fonction des températures, de la nature des roches, de la pente. Il est d'autant plus élevé que le climat est plus froid, c'est le cas pour les fleuves sibériens, comme l'Ob ou l'Ienisseï, où il peut atteindre 80 %. Dans les pays tempérés comme la France, il est plus fort en hiver qu'en été, pour les mêmes raisons, les taux sont élevés en haute montagne. Ainsi, altitude, froid, abondance des précipitations, pentes fortes, absence de végétaux contribuent à un fort ruissellement. *A contrario*, ce coefficient est nul au Sahara, et il varie entre 6 et 12 % dans les zones soudano-sahéliennes d'Afrique. En France, le coefficient est de 36 %, donc assez proche de la moyenne mondiale, et c'est ce que l'on va retrouver dans les fleuves et rivières. Le reste, à savoir 64 %, est évaporé ou évapotranspiré par les plantes.

La pluviométrie est facile à mesurer, et les chiffres moyens sont connus en France depuis deux cents ans. En revanche, la mesure du débit des rivières est complexe, coûteuse et parfois impossible, notamment pendant les crues, mais, comme on connaît l'eau qui ruisselle et celle qui tombe, on peut évaluer le débit moyen d'une rivière, son « abondance brute annuelle ».

15. Dans la suite de l'ouvrage, nous l'arrondirons à 40 %.

Pour ceux qui auraient encore peur de manquer d'eau, soulignons enfin que ce coefficient de ruissellement est stable dans le temps. Les modifications de l'utilisation des sols par l'homme, l'apparition de l'agriculture, le boisement ou le déboisement, l'urbanisation, n'ont pas changé le ruissellement moyen annuel global. Selon le BRGM[16], sur les 175 milliards qui ne s'évaporent pas en France, 100 milliards s'infiltrent dans les nappes phréatiques et 75 milliards vont directement dans les rivières et fleuves. Le niveau et donc le volume des nappes sont stables. Les 100 milliards de m^3 d'eau infiltrée qu'elles reçoivent vont s'écouler et aussi rejoindre rivières et fleuves. *In fine*, l'infiltration rejoint le ruissellement.

Les plantes jouent un rôle essentiel dans l'évaporation de l'eau dans l'atmosphère

A l'évaporation *stricto sensu*, il faut ajouter l'évapotranspiration des plantes dont nous avons déjà abondamment parlé. Elle assure non seulement leur vie et leur croissance mais aussi toute la vie sur terre qui doit tout à la photosynthèse, au dioxyde de carbone et à l'évapotranspiration. La photosynthèse utilise l'énergie solaire pour convertir le dioxyde de carbone en matières organiques complexes. Ce phénomène requiert de l'eau qui fait vivre la plante, et l'évapotranspiration est la source de toute vie végétale, naturelle ou cultivée.

Dès qu'un rayon de soleil apparaît, l'évaporation intervient sur les flaques, les feuilles, les sols et les

16. Bureau de recherches géologiques et minières.

toits. La partie de l'eau qui s'est infiltrée dans la partie supérieure du sol sera, pour partie, pompée par des racines pendant des jours, des semaines ou des mois. En effet, grâce à la pression osmotique, l'eau du sol va remonter vers un milieu plus concentré en sels minéraux et sucre, et être stockée dans le végétal, puis cette eau va être pour partie transpirée et évaporée par les feuilles. Ce mécanisme alimente la «pompe» de la pression osmotique qui «pousse» l'eau du sol vers les végétaux. Sans cette évaporation permanente par les plantes, «l'ascenseur» de l'eau, chargée de sels minéraux, prélevée dans le sol, s'arrêterait. Si tout végétal coupé flétrit et meurt vite, c'est parce que l'eau ne remonte plus et ne peut plus le maintenir à l'état turgescent, ou «sous pression».

L'évapotranspiration est aussi une constante locale, peu influencée par l'homme et notamment par l'agriculture. Elle est la même, exprimée en millimètres ou en m^3 par hectare, que la végétation soit naturelle ou cultivée, qu'il s'agisse d'une forêt de chênes, d'un champ de blé, d'une prairie normande, d'une vigne, d'un champ d'orties ou d'un talus de ronces.

Quand la terre est nue, après un labour, par exemple, un autre phénomène entre en jeu, c'est la capillarité. L'eau remonte dans les micro-tubes formés par les interstices entre les grains du sol, se retrouve à la surface et s'évapore.

Un brassage constant

Si l'apport de vapeur d'eau par évaporation sur océans et continents est de 577 000 milliards de m^3 par an, à un instant donné, le stock de vapeur d'eau moyen dans l'atmosphère n'est que de 17 000 milliards de m^3, **le cycle de l'eau se produit près de 34 fois par an,** une fois tous les onze jours environ. Si la température de l'atmosphère continue de croître, le nombre de cycles annuels augmenterait et passerait au cours du XXIe siècle de 34 à 35.

En quelques mots donc, soit l'eau tombe (458 000 milliards de m^3 sur les océans, 119 000 milliards de m^3 sur les continents), soit elle s'évapore (505 000 milliards de m^3 sur les océans, 72 000 milliards de m^3 sur les continents). Le cycle de l'eau s'équilibre.

Sous terre existe un gigantesque réservoir naturel d'eau douce : les nappes phréatiques

Le BRGM[17] évalue le volume des nappes phréatiques mondiales à 10 000 000 milliards de m^3. Soit un volume de 1,5 million de m^3 par habitant de la planète. Le rythme de renouvellement de ces nappes est, en moyenne, de cinq mille ans et peut descendre à « seulement » trois cents ans pour les nappes superficielles les plus vives. Certaines eaux souterraines, les plus profondes ou à faible capacité de renouvellement, peuvent avoir soixante-dix mille ans.

Les eaux souterraines représentent 60 % des eaux continentales. Neuf pays bénéficient de 60 % du stock

17. Source : Collectif, Les chiffres clés, *Géosciences, la revue du BRGM*, n° 2, septembre 2005.

mondial : le Brésil, la Russie, la Chine, le Canada, l'Indonésie, les Etats-Unis, l'Inde, la Colombie et la République démocratique du Congo. Le stock français représente « seulement » 2 000 milliards de m^3 d'eaux souterraines. Soit 30 000 m^3 par habitant de l'Hexagone.

Nappes phréatiques dont le niveau varie avec les saisons et les années

L'eau d'infiltration remplit les pores au sommet de la nappe et relève son niveau sur une hauteur de moins d'un mètre à quelques dizaines de mètres en une saison, selon les roches et l'importance de la recharge. Entre ces points hauts et les points bas que constituent le lit des rivières ou les lignes de sources, la pesanteur conduit l'eau à s'écouler plus ou moins vite selon les pluies et la nature des roches traversées. Nappes et rivières communiquent et coulent, selon les saisons, de la rivière à la nappe ou de la nappe à la rivière.

En période de fortes pluies, si les nappes sont alimentées, il peut y avoir des hautes eaux, voire des crues de nappes, comme ce fut le cas de la Somme en 2001. C'est le sol d'abord sec, puis humidifié et éventuellement gorgé d'eau, qui rythme en fonction de sa perméabilité le partage entre ruissellement et infiltration. La recharge est donc favorisée par des pluies moyennes et régulières.

Lorsque le ruissellement se ralentit ou cesse, en été notamment, les fleuves ne s'assèchent pas car ils continuent de recevoir l'eau issue des nappes, même quand il ne pleut pas. Une canicule sévère peut survenir sans qu'il y ait nécessairement pénurie d'eau dans les rivières et les barrages. Les cours supérieurs des rivières peuvent en revanche s'assécher si la surface libre de la nappe est en dessous de l'altitude de la rivière. Les nappes sont des grands régulateurs du cycle de l'eau.

Une fois la recharge interrompue, le plus souvent à la fin du printemps, il n'y a pratiquement plus d'échange entre sol et nappe parce qu'il ne pleut plus ou que l'eau qui tombe est évaporée. Les étés maussades ou caniculaires n'ont pas d'impact significatif pour les nappes de moyenne et forte capacité. Pendant la décennie 1990-2000, la nappe de la Beauce, qui stocke 30 milliards de m^3, est passée de son minimum historique à son maximum historique, soit un **dénivelé positif** de 16 m[18] sur 200 m de profondeur moyenne, sans qu'on puisse corréler clairement ce phénomène avec la pluviométrie de la période, ni avec les prélèvements dus à l'irrigation qui ne dépassent pas les 100 millions de m^3[19].

On ne peut pas manquer d'eau

Dans le cycle de l'eau mondial, ce qui est essentiel c'est ce qui bouge. Les pluies offrent au genre humain 20000 m^3 par personne et par an, dont 6 700 m^3 vont ruisseler et rester facilement disponibles pour l'humanité. Certes, cette moyenne ne dit rien de la pénurie de

18. Les écologistes affirment que les nappes baissent. La nappe de la Beauce a monté de 16 m pendant la décennie 1990-2000.

19. Soit 2 % de l'irrigation en France, ou encore une surface de 50000 ha de maïs recevant une dose annuelle de 2000 m^3, ce qui fait bien 100 millions de m^3.

l'habitant de Tamanrasset ou de la pléthore de l'Indien d'Amazonie, mais la pluviométrie globale sur la terre représente bel et bien un flux de 20 000 m^3 d'eau douce par personne et par an.

– L'essentiel de cette eau va retourner à la mer. Avec ces 47 000 milliards de m^3 « perdus », on pourrait irriguer le deux tiers des terres immergées, mais elles n'en n'ont, en général, aucun besoin.

– En France, seulement 5 % des surfaces agricoles sont irriguées, 95 % de l'agriculture est donc « pluviale ». Au niveau mondial, 277 millions d'hectares sont irrigués[20] soit un taux de 5 % également par rapport à l'ensemble des terres agricoles estimé à 4 800 millions d'hectares (terres arables et pâturages).

Le problème n'est pas, sauf dans les déserts ou les zones semi-arides, pardon de ce truisme, l'existence d'eau, mais sa disponibilité pour les urbains comme pour les agriculteurs. Pour que l'eau soit disponible, il faut investir dans son captage, son traitement, sa distribution, sans négliger son évacuation. Ainsi, le plus souvent le manque d'eau n'est pas lié à la nature, mais à la pauvreté des hommes, des villes et des pays.

---

20. Année 2002, source FAO (Food and Agriculture Organization).

3

Mais le ciel est capricieux

Les caprices du ciel nourrissent la prétention des hommes

Les pluies varient avec les saisons et les années. Ce n'est pas parce que l'on peut prévoir le temps qu'il fera dans dix jours que l'on maîtrise en quoi que ce soit le climat. Rien ne permet de penser que ces variations sont différentes aujourd'hui de celles d'hier, ou d'avant-hier quand il faisait plus chaud encore qu'aujourd'hui.

Dans les zones tempérées, le vent, la température et les pluies varient chaque jour. Il existe des variations saisonnières, mais personne ne sait encore le temps de l'été ou de l'hiver prochain. Toutes les tentatives pour utiliser les données météorologiques d'une saison pour prévoir le temps de la suivante ont été vaines. L'année 2011[21] en offre une convaincante démonstration. On ne peut qu'affirmer, donc, qu'il y a une chance sur deux que la pluviométrie de l'été prochain sera supérieure à la moyenne et une chance sur deux qu'elle sera inférieure ! Autrement dit : on n'en sait rien ! Mais tout le

21. N'annonçait-on pas au printemps 2011, qui fut très chaud, que l'été serait chaud également? Or le mois de juillet 2011 a été froid et très humide.

monde s'intéresse au climat et chacun cherche à donner un sens, sinon au hasard, du moins à notre méconnaissance de ces phénomènes.

Dans un même lieu, pour une saison donnée, la distribution des pluies sur longue période suit une distribution aléatoire familière de tous ceux qui ont été initiés à la statistique, même brièvement. Il s'agit de la loi de Gauss et de sa fameuse courbe en cloche. On peut donc décrire les variations des pluies, même si on ne sait pas encore les prédire. On peut aussi les expliquer... *a posteriori.*

Les pluies qui tombent annuellement sur la France varient. Si la moyenne nationale tourne autour de 889 millimètres (mm) d'eau, il pleut moins de 700 mm certains années sèches et plus d'un mètre (1 000 mm) les années humides. De même, les jours où il pleut, il peut tomber 30 mm « en moyenne », mais les grosses pluies dépassent les 100 mm en vingt-quatre heures. Dans ce cas, elles entraînent des crues, car la capacité d'absorption des sols, même les sols « naturels », varie peu, et l'eau soudainement abondante ruisselle pour remplir chemins, routes, champs, petits ruisseaux et grandes rivières. Il est même arrivé que des pluies exceptionnelles atteignent, en France, 300 mm en une seule[22] journée !

22. 300 mm à Entrechaux près de Vaison-la-Romaine dans le Vaucluse. Cette pluie a entraîné la crue catastrophique du 22 septembre 1992, qui a fait 41 morts.

Des « normales saisonnières » qui n'ont rien de « normal », car elles ne sont que des « moyennes »

« Normal », selon le dictionnaire Larousse, « se dit de ce qui est conforme à une moyenne, considérée comme une norme, de ce qui est standard, de ce qui n'a rien d'exceptionnel ». Exemple : « avoir une taille normale, une intelligence normale ». Les commentateurs météo des chaînes de télévision et de radio font donc référence aux « normales saisonnières » pour leurs prévisions, mais cette « normale » saisonnière n'est en réalité qu'une « moyenne » saisonnière. Les pluies étant une variable aléatoire, il est ainsi tout à fait **normal** de constater des écarts par rapport à la moyenne. Il n'y a donc qu'une faible probabilité que la pluviométrie ou la température d'un jour donné soient égales à celles de ce même jour les années antérieures. Les étés ensoleillés, comme les étés pourris, font partie de la distribution « normale », cette fois au sens des lois de la nature et de leur représentation statistique.

Certes, il est rare qu'un événement s'écarte de manière significative de cette moyenne, mais quand cela se produit, l'événement apparaît comme doublement « exceptionnel » : non seulement il est moins fréquent, mais il est lourd de conséquences parce qu'il fait « trop » sec ou « trop » humide. Il n'est pas nécessaire alors d'invoquer un hypothétique changement de climat, les effets de la bombe atomique ou la trajectoire des planètes. Les variations exceptionnelles demeurent

« normales » au sens de la loi de Gauss. Toutefois, les humains raisonnent comme des pompiers, pas « mal », au sens où le laisse entendre le dicton, mais avec une mémoire biaisée qui n'enregistre que les événements exceptionnels et donc les jours où l'incendie a fait rage et où la grande échelle n'a pas suffi ; seules les exceptions marquent.

Un événement rare étonne : il en fut ainsi de la crue de la Seine à Paris en janvier 1910, ou de la sècheresse en France au cours de l'été 1976... **Un événement rare surprend** : ainsi, des chutes de neige précoces ont paralysé la France, et notamment les aéroports, en décembre 2010. Des milliers de passagers ont dû dormir à même le sol dans les aérogares. Certains voyageurs sont restés bloqués une semaine à l'étranger, sans pouvoir revenir. Puis, *a contrario*, à partir de janvier 2011, la neige a manqué dans les stations de sports d'hiver, alors qu'elle abonde une année plus tard...

Un choix implicite du risque accepté

Des crues exceptionnelles ravagent routes et habitations et font, presque chaque année, de nombreuses victimes. Jusqu'où faut-il se protéger contre ces fluctuations naturelles qualifiées d'« anormales » ? Il ne nous appartient pas de répondre à cette question dont la réponse est politique. Indiquons cependant que les ingénieurs ont le plus souvent suggéré aux élus de protéger la population contre les crues centennales (1 chance sur 100), estimant qu'il n'était pas d'un bon usage de l'argent des contribuables que de les protéger à grands frais contre des événements trop rares. En effet, plus un événement est dévastateur et spectaculaire, moins il est fréquent, donc le coût d'une éventuelle protection augmente alors que la fréquence baisse. On voit d'ailleurs que, même si on protégeait la population contre une crue qui n'arriverait qu'une fois tous les mille ans, on ne la protégerait pas contre les crues qui arriveraient tous les dix mille ans. Le principe de précaution touche là une de ses très nombreuses limites, car il ne dit pas quand on doit s'arrêter de prendre des précautions. **Le risque infiniment petit appelle des précautions infiniment onéreuses.** On peut décrire ce qui pourrait se produire, on ne sait ni où, ni quand cela se produira.

Bienfaits et limites des statistiques

En France, les pluies sont mesurées avec une précision satisfaisante depuis deux cents ans. Cela permet de définir la loi de probabilité des pluies, région par région, ville par ville, ainsi que la moyenne nationale. Chacun sait calculer une moyenne, mais la moyenne ne suffit pas. L'écart par rapport à cette moyenne, et plus précisément «l'écart type», est essentiel pour connaître la fréquence et l'ampleur des risques potentiels, inondations ou sécheresses dans notre cas. Pour le calculer, on mesure la différence entre chaque valeur de ces cent années et la moyenne précédemment calculée. On trouve ainsi cent écarts à la moyenne, des écarts en plus pour les années humides, des écarts en moins pour les années sèches. Puis, en faisant la moyenne de tous ces écarts, on obtient l'écart type[23]. Si l'écart type est petit, les variations sont faibles, s'il est important elles sont élevées.

Cette brève incursion mathématique est importante car **«moyenne» et «écart type» suffisent pour situer les risques de n'importe quelle ville dans n'importe quel pays.** La pluviométrie moyenne sur la capitale est de 650 mm par an, et son écart type est de 100 mm. Cela permet donc d'affirmer qu'il y a deux chances sur trois d'observer une pluviométrie comprise entre 550 mm et 750 mm sur la métropole pour une année donnée[24]. Il pleut plus à Nice (767 mm) qu'à Paris, et l'écart type de Nice est plus élevé. Ce qui ne veut pas dire que Nice n'est pas beaucoup plus ensoleillé que Paris (2668 heures à Nice, 1630 à Paris) mais que les dangers que courent certaines parties de cette agglomération sont plus importants.

Remarquons enfin – il pourrait en être autrement – que la probabilité d'une année sèche est la même que la probabilité d'une année humide. Les années décennales (1 chance sur 10) ou centennales sèches ont la même probabilité que les années décennales ou centennales humides. Les événements exceptionnels se distribuent à parts égales des deux côtés de la moyenne.

23. Sur le plan strictement mathématique, c'est un peu plus compliqué. On calcule le carré de chaque écart pour supprimer les signes négatifs, puis on fait la moyenne de ces carrés. La racine carrée de cette moyenne est l'écart type.

24. Les chiffres relatifs à la pluviométrie à Paris ont été arrondis pour faciliter la lecture et l'étude probabiliste. Moyenne et écart type sont dans la réalité légèrement inférieurs.

PRÉVOIR L'EXCEPTIONNEL

Il y a à peine deux siècles que l'on sait calculer ce que représente 1 chance sur 100 ou 1 chance sur 1 000. Or ce calcul est essentiel pour déterminer, notamment, le degré de protection collective contre des événements exceptionnels. Nos anciens, lorsqu'ils construisaient leurs villages, ont pris des risques. Les traces des drames en attestent et la sagesse qui leur est souvent prêtée vient du fait qu'ils ne sont plus là pour raconter. Aujourd'hui, implicitement ou pas, nous l'avons vu, on choisit la pluie centennale, qui entraînera le plus souvent une crue centennale[25]. Il vaut d'ailleurs mieux la définir comme la pluie qui est atteinte ou dépassée dix fois par millénaire. On la calcule simplement dès que l'on connaît de manière assez précise la moyenne et l'écart type, même sur une série statistique assez courte de trente ans de mesures[26].

Si l'on passe maintenant de la pluviométrie aux crues, la crue de la Seine à Paris en 1910 a été centennale et c'est en y référant que l'on a construit des barrages en amont de Paris et de hautes berges dans la capitale. Nous n'avons pas mille ans de mesures des

25. Pour ce qui concerne la protection des biens et des personnes. Pour ce qui est du calcul de l'évacuation des crues des grands barrages, on estime la crue millénale (1 sur 1 000), voire la crue déca-millénale (atteinte ou dépassée une fois tous les 10 000 ans).

26. 68 % des années s'écarteront d'un écart type, 95 % de deux écarts types et 99 % de trois écarts types. Autrement dit, la pluviométrie centennale, c'est la moyenne plus trois écarts types. A Paris, cela représente une pluviométrie de 950 mm d'eau (la moyenne de 650 plus trois fois 100 mm d'écart type) et l'année centennale sèche 350 mm d'eau (la moyenne de 650 moins trois fois 100 mm). C'est arrivé en 1923...

débits de la Seine, mais la loi de Gauss permet de calculer la crue millénale, atteinte ou dépassée dix fois tous les 10 000 ans. Nous ne serions pas protégés contre une telle crue.

Pour la Seine à Poissy, après le confluent avec l'Oise, les mesures réelles et les calculs donnent les chiffres suivants :

– débit moyen : 493 m^3/s, atteint ou dépassé une année sur deux : c'est la moyenne,

– débit de la crue quinquennale : 1 900 m^3/s, atteint ou dépassé tous les cinq ans en probabilité ou vingt fois par siècle,

– débit de la crue cinquantennale : 2 900 m^3/s, atteint ou dépassé deux fois par siècle,

– débit de la crue centennale : 4 000 m^3/s, atteint ou dépassé une fois par siècle, ou dix fois tous les mille ans.

D'une manière assez générale, le débit de la crue centennale représente environ dix fois le débit moyen annuel, et cela pour toutes les rivières de France, hors climat méditerranéen. Même proportion entre la pluie annuelle et la pluie centennale. Le débit de la crue millénale est en général le double du débit de la crue centennale, soit 8 000 m^3/s à Poissy !

POSSIBLE, PROBABLE, MAIS TOUJOURS INCERTAIN

En 2012, la crue centennale de 1910 à Paris ne s'était pas encore reproduite. Mais elle peut survenir en 2013, ou en 2050, ou pas du tout au cours du XXIe siècle. La loi de Gauss n'interdit pas non plus que la crue centennale puisse se reproduire deux années de suite, même si la probabilité d'une telle occurrence est extrêmement faible. Les événements aléatoires le resteront. L'homme est donc capable de prédire la valeur d'un événement exceptionnel, mais pas la date de sa survenue.

Quelles « précautions » ?

Au cours de la seule année 2010 se sont succédé, entre autres, la marée de tempête Xynthia en février en Charente-Maritime, la crue de Draguignan en juin, les crues catastrophiques de l'Indus au Pakistan en août, alors que dans le même temps la sécheresse sévissait en Russie, entraînant une chute de la production de blé et la hausse des cours mondiaux. *A contrario*, les mois d'avril et mai 2011 ont été secs en France, et suivis d'un mois de juillet 2011 pluvieux et froid, sans doute de fréquence décennale humide. Après un hiver exceptionnellement froid, le mois de mars 2012 a été splendide, les journaux parlaient de sécheresse, et le mois d'avril froid, venteux et humide, les dépressions ont suivi les dépressions et donné aux Français une humeur maussade, sinon dépressive. Dans le même temps, pluies diluviennes et vents violents frappaient le Middle-West américain. A chaque occasion, la météo et les « intempéries[27] » alimentent chroniques continues et commen-

27. La notion d'intempérie est purement subjective. Elle qualifie dans le langage courant des événements météorologiques désagréables ou désastreux. Mais elle n'a aucune valeur scientifique, ni en climatologie, ni en météorologie.

taires inquiétants. Chaque jour qui passe apporte son lot de sécheresses ou d'inondations, mais le village planétaire est aussi «inondé» d'informations relatives à des événements climatiques localement exceptionnels, mais planétairement quotidiens.

Les catastrophes offrent de «belles» images et permettent de déverser à bon compte une compassion en fauteuil : on a toujours suffisamment de courage pour supporter le malheur des autres, surtout lorsque l'on est bien au sec devant sa télévision. L'information montre l'émotion, la peur, le désarroi des victimes et, parfois, leur colère. L'explication «naturelle» n'est plus, comme il y a peu encore, la bombe atomique, mais le réchauffement global. Al Gore[28], offrant sa légitimité de prix Nobel à un certain discours écologique, n'a-t-il pas montré ce que l'humanité devait craindre, la sécheresse, si elle ne luttait pas contre ce réchauffement? L'homme, pour avoir voulu maîtriser la nature, est puni par elle. Elle se venge, laisse-t-il entendre.

Même si l'annonce d'inondations ici et de sécheresses là ne permet pas de discerner une tendance globale, l'amalgame justifie l'évidence de leur occurrence future, et des malheurs associés. Pourtant, on reste dans la moyenne, inondations ici et sécheresses là se compensent, mais cela ne fait pas la une des journaux. Les images biaisent la perception qui se rajoute au biais de la mémoire. Le hasard légitime toutes les croyances et toutes les prétentions. Le lecteur

28. Al Gore, acteur et orateur de *Une vérité qui dérange*, un film de David Guggenheim, 2006.

recherche dans la presse le reflet de ce qu'il sait déjà. La catastrophe devient « évidente ».

Comme le souligne Pascal Bruckner[29], les obsédés de la catastrophe jouent sur la « séduction du désastre ». La situation serait gravissime, à tel point que les recommandations seraient dérisoires. « En gentils boy-scouts, on nous prodigue des leçons d'économie ménagère dignes de nos grands-mères. Quant aux Chinois, aux Indiens, aux Brésiliens, ils doivent retourner à leur misère illico, pas question qu'ils se développent sous peine de nous faire sombrer. » Pour Pascal Bruckner, « l'affolement et la paranoïa ont toujours été les outils des dictatures avides de déposséder les citoyens de toute réflexion et de tout moyen d'action. Le catastrophisme est le meilleur moyen de résignation politique et philosophique. Au lieu d'encourager la résistance, il propage le découragement et le désespoir ».

La connaissance des lois statistiques devrait permettre de relativiser l'importance donnée aux événements exceptionnels. Les climats de notre planète sont différents. Pour certains, les écarts types sont plus grands, ce qui accroît la fréquence des phénomènes climatiques extrêmes et donc des drames humains. Cela se passe souvent dans les pays du Sud qui n'ont pas construit de barrages de protection contre les crues ; quant à leurs villes, elles manquent de réseaux d'évacuation des eaux pluviales ou usées. Les habitants

29. Pascal Bruckner, « La séduction du désastre », *Le Monde* du 2 mai 2011.

de ces pays subissent donc avec fatalisme les dérèglements de la nature, qu'ils connaissent trop bien tant ils sont, chez eux, « normaux ». Pour d'autres, privilégiés comme la majorité des Français, qui vivent dans un climat tempéré, non seulement il pleut peu et souvent, mais encore les accidents sont plus exceptionnels[30]. Si les leçons que donnent les uns et les autres sont nombreuses, seule dégouline une inutile et méprisable compassion.

30. L'écart type est plus faible.

4

Comme l'eau douce finit par se perdre dans la mer, il est rarement utile de l'économiser

L'eau est casanière

Quoi que l'on fasse, l'eau s'écoule vers la mer. Bons sentiments et télévisions ne lèvent pas les contraintes géographiques. La loi de la pesanteur demeure et l'eau reste captive de son bassin versant. L'eau se transporte mal. Il est toujours possible de remplir des camions-citernes ou de faire fonctionner des pompes après avoir posé des tuyaux mobiles, mais en 2012 le transport par camion d'une tonne d'eau sur une courte distance coûterait environ 100 euros, alors que la tonne (le m^3) d'eau du robinet vaut en moyenne 3,3 euros, en France !

Si pour la boisson, on peut envisager de transporter de l'eau embouteillée à un euro le litre, il est économiquement impensable de dépenser 150 euros par jour[31] et par personne pour l'hygiène domestique, livrée, par hypothèse, en bouteilles. Aussi, quelle que soit notre compassion pour les pays les plus désertiques, les « économies d'eau » en France ne permettent pas d'améliorer la situation de Tamanrasset. Les bons sen-

31. Le Français moyen utilise en moyenne 150 litres d'eau par jour.

timents se heurtent à la réalité physique et économique. Si, avec les Nations unies, nous soutenons un droit universel à l'accès à l'eau potable, cela ne veut pas dire qu'elle soit, en pratique, accessible au-delà de son bassin versant. L'eau de là reste là.

En allant vers la mer, l'eau induit une solidarité asymétrique

L'eau douce ne sort que très rarement de son bassin versant. Pour le délimiter, on part de l'embouchure du fleuve et on inclut toutes les terres dont l'eau de pluie s'écoule en surface ou sous terre pour atteindre cette sortie, le plus souvent maritime.

Ainsi, dans le bassin versant, il y a continuité :

– longitudinale, de la source (amont) vers l'embouchure (aval),

– latérale, des crêtes vers les fonds des vallées,

– verticale, des eaux superficielles vers les eaux souterraines, et vice versa.

La France comprend cinq grands bassins versants, ceux de la Seine, de la Loire, de la Garonne, du Rhône et du Rhin. Il convient d'ajouter à cette liste les fleuves côtiers comme la Somme, la Vilaine et autres rivières de Bretagne, la Charente, l'Adour, l'Hérault, le Var, pour ne citer que les principaux.

Chaque affluent définit un sous-bassin ; par exemple la Marne et l'Oise, avant leur confluent avec la Seine. Leurs propres affluents constituent des sous-bassins de troisième ordre, et ainsi de suite. La carte hydrographique d'un bassin versant ressemble alors aux nervures d'une feuille de vigne ou de platane.

En tout point d'un cours d'eau, quel qu'il soit, on peut définir un bassin versant à l'amont de ce point, et c'est la connaissance de la surface de ce bassin qui va permettre de calculer l'apport moyen annuel et les crues, informations essentielles pour dimensionner un pont, un barrage ou une installation de pompage. Au fur et à mesure que le bassin versant grandit, en descendant vers l'aval, le débit instantané et les volumes annuels progressent. A pluviométrie et coefficient de ruissellement constants, les volumes disponibles sont proportionnels à la surface du bassin versant. Les grands fleuves de notre terre ont des bassins versants très vastes. Celui de l'Amazone, le plus gros fleuve du monde par son débit à l'embouchure, couvre 7 millions de km^2, c'est-à-dire près de treize fois la surface de la France métropolitaine.

Une solidarité asymétrique

La solidarité en matière d'eau douce ne peut jouer que de l'amont vers l'aval, que l'eau soit superficielle ou souterraine. L'eau ne remonte pas la pente. **Cette continuité de l'amont vers l'aval, des crêtes vers le fond des vallées, des eaux superficielles vers les eaux souterraines, impose des contraintes aux usagers d'amont qui ne doivent pas pénaliser en quantité comme en qualité les usagers d'aval.**

C'est la raison qui a conduit le général de Gaulle, sur proposition de son ministre Edgard Pisani, à créer, dès

1964, des « agences financières de bassin », aujourd'hui appelées « agences de l'eau », ce qui ne change rien aux rôles et vocations définis par la loi en 1964. La France métropolitaine en compte six (Seine/Normandie, Loire/Bretagne, Garonne/Adour, Rhône/Méditerranée et Corse, Rhin/Meuse et Artois/Picardie). Leur rôle essentiel est d'appliquer le principe du « pollueur-payeur ». Elles prélèvent des redevances sur l'eau potable et sur les eaux usées, pour subventionner leur dépollution.

Près de cinquante ans après leur création, les résultats sont tangibles. La pollution des fleuves et rivières a régressé. Certaines espèces de poissons d'eau douce qui avaient disparu reviennent. Le nombre d'espèces de poissons dans la Seine à Paris est ainsi passé de quinze en 1990 à trente en 2010. Des zones de baignade sont autorisées presque partout le long des fleuves et rivières. La pollution recule : certes, quelques progrès restent à accomplir, notamment sur des rivières à faible débit, pour que tous les usagers aval disposent d'une bonne qualité de l'eau. C'est notamment le cas en Bretagne, où il pleut souvent mais pas beaucoup, et où les rivières côtières sont petites et à faible débit; elles absorbent mal les pollutions, notamment les nitrates issus des élevages intensifs de porc.

Une prison avec peu d'échappées

Presque toujours l'eau d'un bassin versant y demeure. Toutefois, lorsqu'on s'approche des côtes, le pompage est peu onéreux, car par définition le dénivelé est faible. Ainsi, dans le Languedoc, le canal du Bas-Rhône distribue l'eau du Rhône qui a été basculée par pompage vers le bassin de l'Hérault. L'idée de transférer de l'eau du Rhône, qui débite 1 800 m^3 par seconde en moyenne, vers la ville de Barcelone a été étudiée. Ce prélèvement n'aurait pénalisé aucun usager français, mais ce projet était économiquement irréaliste. Barcelone a préféré construire une usine de dessalement de l'eau de mer.

De même, les Américains transfèrent, cette fois à grands frais, de l'eau du bassin du Colorado vers Las Vegas, San Diego, Los Angeles et toute la basse Californie, à partir du célèbre « Hoover Dam ». Ce transfert reste insuffisant pour cette gigantesque conurbation et l'agriculture irriguée de cette région. Le dessalement de l'eau de mer prend aussi le relais. L'exemple américain est alors l'exception coûteuse qui confirme la règle.

Les péniches changent de bassin, pas l'eau

S'il existe des canaux de navigation, type Freycinet, qui permettent aux bateaux de passer d'un bassin versant à l'autre et de traverser une ligne de partage des eaux, c'est parce que le bief le plus élevé, entre les deux séries d'écluses, est alimenté par une ressource latérale, venant du dessus, quelque part dans la montagne, et ce bief le plus haut du canal se vide par les deux côtés. Ainsi, les bassins versants du Rhône, de la Loire, de la Seine et du Rhin sont interconnectés par le réseau de ces vieux canaux, construits aux XVIIIe et XIXe siècles. Les péniches de moins de 300 tonnes passent les lignes de crête, mais pas l'eau. L'eau du canal ne passe pas d'un bassin versant à un autre, en revanche, les poissons d'eau douce utilisent les éclusées, et les canaux navigables permettent de donner à la faune aquatique un biotope affranchi de la frontière naturelle entre bassins versants.

L'eau ne faisant que passer, il ne sert à rien de l'« économiser »

Il faut « économiser » l'eau si, et seulement si, les usagers d'aval sont pénalisés par une consommation des usagers d'amont. Dans tous les autres cas, l'eau prétendument « économisée » reste dans les rivières ou dans les nappes phréatiques avant d'aller se perdre en mer. C'est la règle générale **en France, où l'on peut affirmer qu'aucun usager amont ne pénalise quantitativement un usager aval**, à l'exception de quelques tensions observées en été pour l'irrigation dans le haut bassin de la Garonne, mais elles sont bien gérées, nous y reviendrons.

Les ménages, le secteur industriel[32] et les services, les villes de toutes tailles rendent au milieu naturel pratiquement 100 % de l'eau qu'ils utilisent. **L'eau ne fait que passer**. L'eau distribuée est ensuite récupérée par le réseau d'égout et restituée au milieu naturel

32. A l'exception notable des tours de refroidissement des centrales nucléaires. L'eau est évaporée, donc consommée. Mais l'ensemble de ces consommations est estimé à un milliard de m^3, un chiffre modeste par rapport aux abondances brutes des grands fleuves français. L'irrigation consomme beaucoup plus, nous y reviendrons.

après épuration. **L'eau n'est pas consommée**, elle transite dans nos villas ou appartements, dans nos usines, nos collèges, nos hôpitaux... Son usage est principalement hygiénique et consiste à transporter et à évacuer des déchets liquides. L'eau, purifiée après son passage en station d'épuration, reste donc disponible pour des usagers aval, en quantité et qualité sinon identique du moins acceptable, pour n'importe quel usage. Si on parle de « cycle de l'eau urbain », c'est parce que toute l'eau est effectivement recyclée. Cela est vrai dans tous les pays qui ont achevé la construction de leurs systèmes d'adduction d'eau potable et d'assainissement. Ainsi, les Français recyclent autant leurs eaux usées que les Israéliens.

Prenez autant de bains que vous pouvez vous en payer ! Vous ne privez personne

Ce qui est consommé ce n'est pas l'eau mais un service de distribution d'eau potable, puis de récupération et de dépollution des eaux usées. Aussi, demander de prendre une douche « consommant » 15 litres d'eau plutôt qu'un bain « consommant » 150 litres allège la facture de l'usager, mais les 15 litres, comme les 150 litres, retourneront au milieu naturel après épuration, et leur recyclage permettra de satisfaire d'autres usages en aval. L'eau que l'on boit à Paris n'empêche pas la navigation des péniches sur la Seine et ne pénalise pas l'usager de Rouen ; c'est la même eau qui poursuit son chemin vers la mer.

Le plus souvent : trop d'eau

Commençons par la fin. Plus on s'approche de l'embouchure, moins les « économies » d'eau ont d'utilité. Les égouts des villes côtières vont directement à la mer après épuration. Il n'y a pas d'usagers d'eau douce en aval de Marseille, Bordeaux, Nantes, Brest ou Le Havre, New York, Shanghai, Alexandrie, Barcelone, et toutes les grandes villes côtières du monde. Le raisonnement est de même nature pour les riverains des fleuves puissants comme la Seine à Paris et le Rhône à Lyon. Ces villes voient passer chaque année sous leurs ponts respectivement 10 et 30 milliards de m^3. Saint Louis, de l'Etat du Missouri, n'a pas besoin d' « économiser » l'eau du Mississippi, il en est ainsi de Chongqing, dans la province du Sseu-Tch'ouan en Chine pour l'eau du Yangzi Jiang[33]. « L'abondance brute », c'est-à-dire le volume annuel rejeté dans la mer par ces deux fleuves, est respectivement de 567 milliards de m^3 et de 1 000 milliards de m^3 par an.

Les seuls vrais « consommateurs » d'eau sont les agriculteurs quand ils irriguent. Car l'eau est alors évaporée et ne se retrouve pas à l'état liquide dans le bassin versant. Tout dépend alors de la position des zones irriguées dans le bassin.

33. Autrefois appelé Yang Tsé, ou Yang Tsé Kiang, ou Fleuve Bleu.

Les bienfaits des barrages

Les grands cours d'eau du monde trouvent le plus souvent leur source dans des zones montagneuses, souvent froides, parfois glaciaires, à forte pente et dont les sols sont rocheux, caillouteux et peu fertiles. L'irrigation y est difficile et presque toujours inutile. L'élevage, qui ne consomme pas d'eau, y est fréquent. La pente des cours d'eau étant forte, on y trouve donc souvent des sites intéressants pour la réalisation de barrages hydroélectriques. Les débits peuvent y être soutenus et les hauteurs de chute peuvent être élevées, deux facteurs essentiels pour produire de l'énergie. **Ces barrages hydroélectriques ne consomment pas d'eau**. Ils sont traversés par la totalité du volume d'eau qui transite soit par les turbines, soit par l'évacuateur de crues. Les pertes par évaporation sur le plan d'eau de ce type de barrages sont faibles à nulles car il fait froid en altitude, même en zones tropicales. Non seulement les barrages ne consomment pas d'eau, mais ils récupèrent son énergie et luttent contre l'érosion. L'énergie qui aurait servi au travail de sape est transformée en électricité. S'il n'y avait pas eu de barrage, cette même eau aurait été source d'érosion d'abord, d'inondation ensuite. Ils participent à la maîtrise des crues en stockant tout ou partie de leurs volumes. Plus il y a d'eau dans le barrage, plus les turbines fonctionnent au long des mois et des années, ce qui régularise, au moins en partie, le débit de la rivière et est positif pour tout usager en aval.

Pourtant, c'est peut-être le mot « barrage » qui est inapproprié, car un barrage ne « barre » pas l'eau : **il la retient provisoirement.** Il est donc étonnant qu'un pays situé en aval s'inquiète, s'irrite ou menace un pays d'amont quand il projette de construire un ou plusieurs barrages hydroélectriques. Il en est ainsi de l'Egypte et du Soudan, qui tentent d'empêcher l'Ethiopie de construire des ouvrages sur le Nil bleu. De même le Laos, le Cambodge et la Thaïlande s'inquiètent de projets chinois sur le haut Mékong. A son tour, le Premier ministre de l'Ouzbékistan, M. Shavkat Mirziyoyev, écrit le 3 février 2010 à son homologue Akil Akilov, au Tadjikistan, une lettre dénonçant la « menace » pour son pays qui serait liée à la construction du barrage hydroélectrique de Rogoun, dans le haut bassin de l'Amou Daria, au Tadjikistan, d'où la paralysie actuelle totale du chantier.

L'idée qu'il est impossible qu'un barrage hydroélectrique « consomme » de l'eau ne parvient pas à s'imposer. La peur que l'Etat d'amont « vole » de l'eau au détriment de son voisin d'aval reste plus forte que l'examen de la situation. Nous reviendrons plus en détail sur ces questions.

Irrigation : se servir de l'eau avant qu'elle ne disparaisse en mer

Descendue de la montagne, l'eau arrive à la plaine. Pour irriguer, il faut de l'eau mais aussi de bons sols, plats ou presque plats, de la chaleur et des hommes.

Les éléments propices à l'irrigation se retrouvent, le plus souvent, en aval des bassins versants, dans les plaines côtières ou les grands deltas, adaptés notamment à la culture du riz, plante aquatique.

Certes, l'irrigation est, elle, grande consommatrice d'eau, mais environ 80 % de l'irrigation mondiale est située à moins de cent kilomètres de la mer. Ses prélèvements dans le milieu naturel n'ont que peu d'impacts, puisque les débits disponibles sont importants, et, par définition, de moins en moins d'usagers sont pénalisés au fur et à mesure que l'on s'approche de l'embouchure.

Les conflits d'usage sont rares dans les grands deltas alluviaux. Ainsi, en Provence, l'irrigation est alimentée de manière gravitaire, sans pompage, par la Durance – dont l'abondance brute est de six milliards de m^3 –, et son affluent le Verdon. Pour le Languedoc, l'eau du canal est prélevée par pompage dans le Rhône quelques kilomètres avant le delta, et la plus grande partie de l'eau de ce fleuve et de ses affluents, après tous ces usages, se déverse en Méditerranée.

L'exception : la gestion de l'eau dans le haut bassin de la Garonne

La haute Garonne est le seul bassin versant de France où l'irrigation se situe en amont du fleuve. Au fur et à mesure que descend la Garonne, elle traverse les départements de la Haute-Garonne, des Hautes-Pyrénées et du Gers, départements qui, depuis des décennies, irriguent, notamment, les champs de maïs. Or, cette irrigation représente 40 % des prélèvements à l'étiage du fleuve. Comme le cycle biologique des plantes va de mai à septembre, les premiers besoins sont en général servis par les pluies. L'impact des pompages agricoles dans le haut bassin ne se fait sentir qu'à la mi-juillet et s'estompe début septembre. Si, avec un minimum de 93 millions de m^3, cet impact ne représente qu'une faible proportion des débits naturels en années humides, les besoins doublent en années sèches avec un maximum de 188 millions de m^3. Or, l'objectif d'étiage minimum pour la Garonne, qu'on peut appeler le « débit réservé », est de 110 m^3/s, soit 10 millions de m^3 par jour, volume indispensable pour conserver les paysages, la flore et la faune aquatique, la baignade et les autres usages.

Les années sèches, les lacs d'altitude du Néouvielle sont mis à contribution pour soutenir l'étiage et minimiser l'impact des pompages. Par convention, il est possible de mobiliser plus de 50 millions de m^3 de ressources en amont de Toulouse. Le prélèvement effectué varie de 25 millions de m^3 à 46 millions de m^3 en année sèche. Ce dispositif donne satisfaction aux irrigants, bon an, mal an. En valeur absolue, on notera que les prélèvements des années sèches ne représentent que que 1 % de l'abondance brute du fleuve qui déverse 18 milliards de m^3 dans l'estuaire de la Gironde ! Mais cette situation particulière, certaines années, demande de rendre compatibles les différents usages de l'eau. Elle doit être gérée.

De fausses bonnes idées : récupérer l'eau de pluie sur le toit des maisons ou des immeubles

Pour pallier le « manque d'eau », plus souvent supposé que réel, ou faire des économies d'eau ou d'argent, l'air du temps pousse à la récupération des eaux de pluie pour l'arrosage ou les sanitaires. Ainsi, le plus souvent, on a de l'eau quand on n'en a pas besoin et on n'en a plus quand il en faudrait. Si cela allège à l'évidence les factures d'eau, le bilan économique d'une telle opération n'est pas systématiquement positif, jugez-en.

En effet, pour cette deuxième source d'eau non potable, il faut créer une citerne dont la capacité ne peut guère dépasser 5 m^3 pour une villa individuelle, installer une pompe électrique, remplir un ballon surpresseur et, surtout, créer un second réseau de plomberie dans la maison ou l'immeuble. Les deux réseaux intérieurs vont nécessairement être reliés par un « by-pass[34] », car si la citerne est vide il faut pouvoir injecter l'eau de la ville dans le réseau « pluvial ». Comme il y a toujours un risque de retour d'eau en cas de mise en dépression accidentelle du réseau de la ville, il faut poser un clapet antiretour ou, ouvrage plus complexe, un disconnecteur. La récupération d'eau de pluie est coûteuse en investissement comme en fonctionnement, et sa gestion est assez complexe. Sa potabilité est très aléatoire. Sa rentabilité est moyenne ou nulle,

34. Canalisation de liaison entre les deux réseaux, équipée de trois vannes.

notamment quand l'absence de pluies pendant plusieurs semaines ou plusieurs mois (climat méditerranéen) rend obligatoire le recours à l'eau du réseau public, au moment où l'on en aurait le plus besoin.

De surcroît, la récupération d'eau de pluie n'a pas d'effet bénéfique pour les usagers en aval du bassin versant car, que l'eau utilisée vienne du réseau public ou de la récupération des eaux du toit, cela ne change rien au bilan global. Si l'usager prélève et restitue à l'égout public 150 m^3 par an avant la mise en place de son système de récupération, et qu'il en utilise toujours 150 m^3 après cette installation, le bilan est le même pour le bassin versant.

Si l'eau récupérée est utilisée principalement pour l'arrosage du jardin en été, l'opération est neutre pour le réseau d'assainissement, pendant deux ou trois mois. En revanche, l'utilisation de cette eau pour les WC pénalise le volet « assainissement » de la facture d'eau. Cette question a une dimension parafiscale car près de 50 % de la facture d'eau est de fait une facture d'assainissement. Comme l'eau du toit ne va payer ni les redevances de l'Agence de l'eau ni la facture « assainissement » du service public, un certain nombre de distributeurs publics ou leurs fermiers exigent une déclaration relative à l'eau provenant d'une ressource extérieure au réseau public et facturent redevance et taxes d'assainissement[35]. Mais de nombreux « récupé-

35. L'usager doit donc déclarer le volume « récupéré » qui, par définition, n'apparaît pas au compteur de l'eau potable distribuée, cas général.

rateurs » échappent à la vigilance des services de distribution.

En définitive, la récupération des eaux de pluie ne permet aucune « économie » d'eau à l'échelle du bassin versant, son coût est élevé, elle accroît le risque sanitaire lié à l'eau et peut permettre d'échapper au principe pollueur payeur. Autrement dit, rarement « durable », cette récupération est presque toujours onéreuse et souvent inutile.

La vraie bonne solution privée pour « récupérer » l'eau, c'est de faire un forage privé. C'est légal. L'eau est en général potable. La nappe phréatique est évidemment le moyen le plus naturel et le plus économique pour stocker l'eau (y compris celle qui tombe du toit) et la filtrer gratuitement. Les consommations en électricité pour le pompage sont infimes.

On voit donc que l'eau d'ici n'est pas l'eau de là, que le bassin impose ses contraintes, que les économies d'eau n'ont, le plus souvent, aucun intérêt hydrologique mais peuvent avoir un intérêt économique, et que, enfin, seule l'irrigation, et dans quelques cas seulement, requiert une maîtrise collective de la ressource et des arbitrages.

5

Une France bien arrosée, y compris par les idées fausses[36]

Beaucoup d'eau

Comme cela a déjà été indiqué ci-dessus, la pluviométrie moyenne en France peut être estimée à 889 mm par an, mais n'attachons pas à ce chiffre une précision qu'il n'a pas : il s'agit d'un ordre de grandeur. Le volume de pluies qui tombe sur le territoire métropolitain est d'environ 486 milliards de m^3 ou tonnes d'eau. La « lame d'eau » moyenne qui ruisselle en France est estimée à 320 mm en moyenne, autrement dit, 36 % de nos pluies se retrouvent dans nos rivières, et nos cours d'eau rejettent à la mer 175 milliards de m^3. Sans compter l'eau évaporée qui sert à faire pousser champs, prairies et jardins, le volume global d'eau ruisselée, divisé par les 63 millions d'habitants de la France métropolitaine, représente 2 800 m^3 d'eau potable ou facilement potabilisable. Or toute cette eau est rejetée à la mer. Faut-il empêcher ce « gaspillage » d'eau de 2800 m^3 par an et par Français ? **Le « manque d'eau » est en**

36. Voir Annexe I, p. 307.

réalité un excédent de 175 milliards de m³ net, après usages, prélèvements et restitutions.

Paris ne manque pas d'eau, et ceux qui prétendent le contraire ne manquent pas d'air

A Paris, le débit moyen de la Seine est de 320 m³/s, soit environ 10 milliards de m³ par an. Les 10 millions d'habitants de l'agglomération parisienne disposeraient chacun, s'il en était besoin, de 1000 m³ par an, soit la masse d'eau qui coule dans la Seine avant son confluent avec l'Oise. Le Français moyen, dont le Parisien, utilise environ 150 litres d'eau par jour, soit de l'ordre de 55 m³ par an pour les besoins domestiques. 99 % de ce volume repart à l'égout, puis au milieu naturel, donc à la Seine pour le cas de Paris. Cette eau sera disponible pour un autre usage en aval : la conservation du débit naturel du fleuve, la baignade, la navigation, l'irrigation, l'eau potable, etc., dans le même bassin versant.

Si un yaourt consommé est détruit, si les kilowattheures (kWh) d'EDF se transforment en chaleur ou en énergie, 99 % de l'eau des maisons ou des appartements n'est pas détruite. Il est donc absurde d'additionner les usages de l'eau en prétendant qu'ils sont des « consommations », car les prélèvements d'eau sont en général suivis de restitutions. Répétons-le, si l'usager consomme quelque chose, c'est un **service** de production d'eau potable, de sa distribution à son robinet, puis la reprise de ses eaux usées, suivie de sa purification et de son rejet au milieu naturel. Et pas un bien, en l'occurrence l'eau.

DES FLEUVES GÉNÉREUX ET AUCUN AUTRE « BESOIN » D'EAU

Le débit moyen de la Seine au Havre n'est « que » de 563 m^3/s, toutefois cela représente 17 milliards de m^3 par an. Cela après tous les usages possibles de l'eau, notamment en Ile-de-France, avec ses 10 millions d'habitants, car, et ce qui peut paraître paradoxal, toute l'agglomération parisienne ne consomme pas d'eau de façon significative tout simplement parce qu'il pleut aussi sur Paris et sa région et que cette pluie compense très largement la prétendue « consommation ».

Le Rhône, après avoir alimenté des industries, des tours de refroidissement de centrales nucléaires et permis d'irriguer des milliers d'hectares, débite en moyenne 1 800 m^3 par seconde à son embouchure dans la Méditerranée. Il rejette donc dans la mer un volume de 56 milliards de m^3 par an. Quant aux Lyonnais, ils voient passer sous leurs ponts, chaque année, 30 milliards de m^3. La Garonne débite en moyenne 631 m^3 par seconde, soit environ 20 milliards de m^3 par an, avant son confluent avec la Dordogne. Quant à la Loire, son débit moyen à l'embouchure est de 1 000 m^3/s soit 30 milliards de m^3 par an.

Ces quatre grands fleuves rejettent à la mer 123 milliards de m^3 par an. Soit 123 000 millions de m^3. Les apports des autres bassins versants : bassin versant du

Rhin (Moselle, Meuse) et des «petits» fleuves côtiers (la Somme, la Vilaine, les deux Sèvres, la Charente, l'Adour, l'Hérault, le Var...) sont estimés à 52 milliards de m^3. Au total, on retrouve bien le chiffre de la «lame d'eau écoulée» citée ci-dessus de 175 milliards de m^3. Il semble difficile de prétendre que l'on va manquer d'eau, alors que chaque année 175 milliards de m^3 se perdent dans la mer, et si elle s'y perd, c'est que les Français n'en ont pas besoin.

D'IMMENSES RÉSERVES[37]...

Les nappes font partie intégrante du bassin versant des rivières et des fleuves, elles stockent l'eau en période humide et la restituent aux rivières et fleuves en périodes sèches. Elles amortissent les variations et jouent un rôle de régulateur entre été et hiver, mais aussi d'une année à l'autre, voire entre décennies pour les plus vastes d'entre elles. Elles ne cessent de couler; ces nappes forment d'immenses et très lentes rivières souterraines (un millimètre par seconde, voire moins).

Si l'on ne prend que les 200 plus grands aquifères (il y en a 1500), ils renferment 2000 milliards de m^3 d'eau, soit environ 30000 m^3 par habitant de la métropole, donc 500 fois les prélèvements pour les besoins domestiques et 1000 fois les prélèvements moyens pour l'irrigation annuelle en France.

Le BRGM évalue à **cent milliards de m^3** l'écoule-

37. Source : site Internet du Bureau de recherches géologiques et minières (BRGM).

ment annuel des nappes vers les sources, les cours d'eau et la mer. L'exploitation de nappes et leur renouvellement se compensent sur une année, ce qui permet de laisser globalement intact leur stock de 2000 milliards de m³. Il est ridicule de se priver de ce flux et de ces réserves naturelles.

Bien entendu, ces réserves ne sont pas équitablement réparties ; elles sont abondantes dans les deux tiers du territoire correspondant aux bassins sédimentaires. Ainsi, la nappe de la Beauce représente un stock de 30 milliards de m³ ; d'où le développement de la culture du maïs irrigué en Loir-et-Cher.

Il y a moins de réserve sur un socle granitique (Bretagne, Massif central, Corse), mais on peut y réaliser des forages qui débitent entre 1 et 10 m³ par heure s'ils ont été creusés après avoir recherché une zone fissurée, peu coûteuse à détecter au moyen d'études de résistivité électrique.

… DANS LESQUELLES ON PEUT POMPER…

Pour l'année 2004, le SOeS[38] estime que les prélèvements en eau douce en France représentent 34 milliards de m³, dont 28 milliards en eaux superficielles (avec le refroidissement des centrales nucléaires) et 6 milliards en eaux souterraines. Sur les 6 milliards de m³ prélevés pour l'approvisionnement en eau potable, 62 % proviennent des eaux souterraines, à

38. Service de l'observation et des statistiques du ministère de l'Ecologie et du Développement durable.

savoir 4 milliards de m^3; le solde, donc 2 milliards de m^3, proviennent d'eaux de surface. La croissance des volumes prélevés pour l'eau potable s'est fortement ralentie au cours des dernières décennies mais elle reste en légère progression. Chaque année, environ 100 m^3 par habitant sont prélevés pour la production d'eau domestique. Le secteur industriel prélève quant à lui 3,5 milliards de m^3 dont la quasi-totalité retourne au milieu naturel, après épuration.

… ET IRRIGUER (PRESQUE) SANS LIMITES

Présente dans le sud-est de la France et, dans une moindre mesure, dans le sud-ouest dès la Renaissance, l'irrigation a connu un fort développement dans les régions centrales comme Poitou-Charentes ou la région Centre, au cours des vingt-cinq dernières années.

La superficie irriguée en France représente un peu moins de 5 % de la surface agricole utile estimée à 30 millions d'hectares, à savoir 1,5 million d'hectares environ. Sur les 3,6 milliards de m^3 consommés pour l'irrigation, 70 % proviennent des eaux superficielles et donc 30 % des eaux souterraines. En 2007, les sept premiers départements dépassant les 40000 hectares irrigués en céréales, oléagineux et protéagineux sont les Landes, le Gers, le Lot-et-Garonne, la Charente-Maritime, la Vendée et la Haute-Garonne.

Quatre-vingt-cinq pour cent des cultures sont donc pluviales. L'eau nécessaire à leur croissance est fournie «gratuitement» par les pluies. L'irrigation est inutile sur toutes les cultures de céréales ou de protéagineux d'hiver (blé, orge, seigle, avoine, colza...). Elle est rare sur les prairies permanentes. Elle est interdite dans les vignobles de qualité. Il n'y a pratiquement pas d'irrigation dans le tiers nord de la métropole. L'irrigation en France ne fonctionne que trois mois par an : du 15 juin au 15 septembre. Dans le temps comme dans l'espace, l'irrigation reste marginale.

L'irrigation permet d'augmenter les rendements et de réduire leur variabilité. Aussi, entre 1988 et 1997, l'accroissement des surfaces irriguées a été de 66 %. Cet essor a été permis par la grande densité du réseau hydrographique au sud et des ressources souterraines au nord du pays. Un système d'aides directes spécifiques aux cultures irriguées institué par la politique agricole commune a favorisé ce mouvement.

Cette surface irriguée est consacrée à 60 % au maïs, céréale d'origine tropicale qui ne pousse qu'en été, exigeante en chaleur, et pour laquelle l'irrigation d'appoint en juin, juillet, août et parfois septembre est quasi obligatoire. Le sorgho, le tournesol et le soja nécessitent également une irrigation d'appoint pendant les mois les plus secs. Les cultures fruitières et les cultures maraîchères comptent peu dans le total : autour de 20 %.

La surface agricole irriguée baisse et est passée de 2 millions à 1,5 million d'hectare. La surface équipée n'est pas irriguée chaque année et les agriculteurs n'utilisent que rarement leur capacité à 100 %. Le volume d'eau consommé ne représente que 3 % des 175 milliards de m^3 d'eau que rejettent nos fleuves et rivières dans la mer, 1,1 % du total des eaux de pluie ou 5 % des flux naturels dans nos nappes phréatiques. **L'irrigation ne prive personne et l'on se demande pour-**

quoi des contraintes pèsent sur les agriculteurs qui veulent accroître la capacité de leur forage.

L'irrigation en France, principale consommatrice nette d'eau, n'a pas d'impact significatif sur l'évapotranspiration globale. L'irrigation en France n'a pas d'impact significatif sur le débit cumulé des fleuves et rivières. L'irrigation en France n'a pas d'impact significatif sur les nappes phréatiques, ni sur leur flux naturel, ni *a fortiori* sur leur stock. Les éventuelles tensions sur la ressource ne peuvent être que locales (haut bassin de la Garonne, comme nous l'avons vu) et marginales en termes de volumes concernés. Elles peuvent surgir si la ressource est un ruisseau à faible débit, ou une nappe phréatique modeste, dans le cas où les concepteurs du réseau n'auraient pas prévu de marge de sécurité ou que les acteurs concernés n'auraient pas investi ou géré correctement leurs équipements de mobilisation de la ressource et de sa distribution. Ces tensions doivent être gérées localement par les acteurs, élus et professionnels.

Les centrales thermiques et nucléaires consomment de l'eau, mais... infiniment moins que les forêts

Les centrales thermiques, comme les centrales nucléaires, oui, les deux, ont besoin de beaucoup d'eau. Jugez-en. Les prélèvements, suivis de restitutions, pour le refroidissement s'élèvent à 19 milliards de m^3, soit **57 % du volume total prélevé en**

France. Toutefois, le volume réellement consommé (par évaporation) représente 1,3 milliard de m^3 seulement, soit 22 % du volume net « consommé » en France tous usages confondus (6 milliards de m^3).

Le débit prélevé dépend de la puissance thermique à évacuer. Les besoins pour le refroidissement en circuit ouvert sont de l'ordre de 10 m^3/s pour une centrale thermique de 250 mégawatts (MW) et de 40 à 50 m^3/s pour les centrales nucléaires de 900 à 1300 MW. Autrement dit, **les besoins en eau sont les mêmes pour les centrales thermiques que pour les centrales nucléaires**. En termes d'échauffement, la variation de température de l'eau rejetée en aval d'un système de refroidissement en circuit ouvert est de l'ordre de 10 °C, ce qui, après dilution, engendre localement un échauffement de l'ordre du degré. Pour la France métropolitaine, l'eau annuelle évaporée et donc consommée serait de l'ordre de 1,7 m^3 par MW, d'où le total de 1,3 milliard de m^3 évaporés alors que, dans le même temps, l'évapotranspiration par les plantes s'élève à 311[39] milliards de m^3 environ...

POUR BIEN GÉRER, IL FAUT SAVOIR LAISSER COULER[40] SANS ÊTRE COULANT

La France compte 850000 kilomètres de canalisations d'eau potable, soit plus de deux fois la distance de

39. Source : site Internet du ministère de l'Ecologie et du Développement durable.

40. Source : site Internet de la Fédération des entreprises de l'eau www.lesentreprisesdeleau.com

la Terre à la Lune ! Ce réseau s'est développé principalement dans la seconde moitié du XXe siècle. Il couvre aujourd'hui pratiquement la totalité du territoire et est composé d'une somme de réseaux locaux qui, le plus souvent, ne sont pas interconnectés. Si les réseaux urbains en centre-ville ont été construits avant la Première Guerre mondiale, les réseaux ruraux se sont surtout développés dans les années 1960 à 1980.

Les matériaux utilisés ont varié selon les époques : 55 % des réseaux sont en fonte (grise ou ductile), 38 % en PVC, le reste dans des matériaux divers tels que l'amiante-ciment[41], l'acier ou le polyéthylène. Des matériaux qui réagissent différemment à l'usure naturelle, aux vibrations, aux mouvements de terrain ou à la topographie... Là encore, les collectivités ne sont pas sur un pied d'égalité : montagne ou plaine, ville ou village, forte ou faible densité, état de la voirie, aménagement urbain... tout peut jouer sur la durée de vie des canalisations. Ainsi, il n'est pas rare de voir des conduites centenaires poser moins de problèmes que des canalisations plus récentes : l'âge des conduites ne peut pas être le seul critère de décision concernant le renouvellement des réseaux. Ce patrimoine est estimé à **200 milliards d'euros**. Est-il en bon état, y a-t-il trop de fuites, faut-il définir en la matière un seuil « acceptable » au-delà duquel on « gaspillerait » ?

Changer un tuyau de diamètre inférieur à 100 mm coûte environ 150 000 euros le kilomètre. La réparation

41. L'amiante n'est dangereux que quand on en absorbe les fibres par voie respiratoire. Ce n'est pas un poison chimique, c'est un poison physique car, quand il se pulvérise, ses cristaux sont de petites aiguilles qui viennent se ficher dans la plèvre.

d'une fuite coûte, quant à elle, environ **1 000 euros**. Il faudrait donc 150 fuites au kilomètre, soit une tous les 7 mètres, pour que le renouvellement soit rentable, car dans la totalité des réseaux, nous le verrons, la production d'eau elle-même (pompage, filtration, etc.) ne coûte presque rien. Par ailleurs, si l'on répare beaucoup de fuites, on génère beaucoup de perturbations pour les consommateurs et pour la voirie. La « bonne » politique de renouvellement se calcule avec les outils d'optimisation classiques en la matière. Mais on voit, dans cet exemple, une fois encore qu'un raisonnement fondé en économie domestique, où les fuites sont en général lourdes de conséquences, ne peut être transféré facilement quand l'on change de nature et de grandeur. En effet, pour la collectivité distributrice, 80 % des coûts sont fixes (essentiellement l'amortissement du réseau, des pompes, etc.).

Le Grenelle de l'environnement : l'État se mêle de ce qui ne le regarde pas

Il se substitue aux collectivités locales

Le Grenelle de l'environnement a décrété qu'il fallait mettre en place des « plans d'action » lorsqu'une collectivité enregistrait un taux de perte de ses réseaux d'eau supérieur à un seuil. A ce jour, 28 000 communes déclarent avoir les plans de leur réseau ; parmi elles, 15 000 disposent d'un système de repérage informatique pour au moins une partie de leur réseau. Mais nous venons de voir que les fuites ne coûtaient presque rien, que l'eau qui fuyait retournait au milieu naturel et restait disponible pour d'autres usages, en aval. En revanche, nous avons aussi vu que le renouvellement de certaines canalisations pouvait être très coûteux et ainsi majorer lourdement le prix de l'eau. Pourtant, au printemps 2011, la ministre de l'Ecologie, Nathalie Kosciusko-Morizet, lance une lutte contre les «pertes» ou «gâchis» dans les réseaux, sans, bien entendu, payer les conséquences de ses ambitions en la matière. Or, maintenir quelques fuites coûte beaucoup moins cher que renouveler une canalisation ! La France prétend se décentraliser et les ministres passent leur temps à faire des déclarations dans des domaines qui ne sont pas de leur compétence administrative, technique ou financière.

L'Etat prend des mesures absurdes pour, au mieux, des raisons symboliques

La gestion des sécheresses illustre aussi un pouvoir mal placé et un activisme ridicule. La sécheresse printanière de mars et avril 2011 en donne l'illustration. Les préfets ont, par application du principe de précaution, réagi à la «peur» du manque d'eau et demandé des «économies d'eau» d'autant plus inutiles que la menace était inexistante et les «économies» éventuelles inutilisables. Soixante départements ont ainsi fait l'objet d'arrêtés préfectoraux. Dans le Rhône, le préfet a demandé à tous, par arrêté, de réduire leurs «consommations» (interdiction de laver les voitures, de remplir les piscines...). Mais le Rhône en étiage ne débite jamais moins de 200 m^3/s[42], ce qui est largement suffisant pour l'eau et l'assainissement de l'agglomération lyonnaise dont les besoins varient entre 4 et 6 m^3/s en tête de réseau. De plus, 100 % des « consommations » retournent au Rhône après épuration[43]... Aucun usager à l'aval de Lyon n'est pénalisé.

Par ailleurs, les « économies » qu'auraient pu faire les Lyonnais ne sont d'aucune utilité pour les éleveurs de moyenne montagne de l'ouest et du nord de ce département, dont les prés ont jauni précocement... En effet, comment amener l'eau « économisée » à Lyon à 20 kilomètres de distance pour arroser une prairie, dans l'urgence et sans argent, pour placer des pompes et creuser des canalisations ? Quant aux vignes du Beaujolais et des Côtes du Rhône, la sécheresse du printemps 2011 n'a pas eu d'impact : ce végétal est résistant à la sécheresse. Les pseudo-économies infligées aux citadins ne permettront jamais d'arroser les 25 millions d'hectares non irrigués en France. Les interdictions préfectorales étaient donc aussi symboliques que totalement inutiles.

Le lavage des voitures, si l'eau retourne à l'égout, ne consomme pas d'eau. Une fois pleines, les piscines ne « consomment » pas d'eau et stockent une eau qui peut se révéler très utile en cas de panne de réseau ou d'in-

42. Beaucoup plus en avril qui est la pleine période de fonte des neiges dans les Alpes.

43. De plus, en appuyant sur un bouton, les autorités compétentes de la Communauté urbaine de Lyon peuvent doubler les débits prélevés et distribués. Tout le réseau est calculé pour satisfaire le double des besoins habituels. Il peut passer de 250 000 m^3 par jour à 500 000 m^3 par jour, sans pour autant épuiser le fleuve Rhône... Comme pour l'électricité, les réseaux d'eau sont calculés pour la pointe de consommation, donc pour la sécheresse éventuelle ; ou une panne locale, ou la rupture d'une conduite, ou un incendie majeur.

cendie. Chaque piscine est potentiellement une ressource pour les pompiers. En situation de pénurie réelle ou supposée, il faudrait au contraire obliger leurs propriétaires à les remplir et à faire tourner le système de filtrage et de chloration pour avoir une eau, sinon potable, du moins désinfectée, pour tous les usages hygiéniques : lavages, toilette, vaisselle, WC... En attendant, le préfet du Rhône a déclaré dans la presse qu'il ferait surveiller les piscines des déviants par hélicoptère et pourrait d'infliger de lourdes amendes... Il faut en rire, en pleurer accroîtrait le gaspillage d'eau !

Les arrêtés préfectoraux de mars-avril 2011 interdisant l'irrigation de jour pour la remplacer par une irrigation nocturne sont, si nous osons le dire, du même tonneau. Il est exact que l'on consomme moins d'eau la nuit quand on irrigue, mais a-t-on sérieusement évalué « l'économie » réalisée par rapport aux ressources disponibles dans les nappes ou les rivières, même en période d'étiage ? Est-on sûr que l'eau économisée (10 % ?) par les irrigants « de nuit » serve à quelque chose ? Pour permettre au voisin d'irriguer lui aussi la nuit et qui, par hypothèse, manquerait d'eau si le premier irriguait de jour ? Rappelons que cela se passe pendant les mois de mars, avril et mai, périodes pendant lesquelles l'irrigation est nulle ou marginale en France. En effet, les cultures d'été comme le maïs, le tournesol ou le soja n'ont pas encore été semées. On peut rencontrer des tensions ici ou là, mais les réponses ne peuvent être que locales et dépendent des débits disponibles, des intentions des autres agriculteurs concernés sur le choix de leurs emblavures, etc.

On reste dans le symbolique, le négligeable lorsqu'on prend la peine de faire calculs ou estimations... L'Etat, pour établir son illégitime omnipotence, applique des «recettes de grands-mères» et ne traite que du symbole en s'appuyant sur une prétendue «solidarité volontaire». Le résultat chiffré est dérisoire ou futile. L'aide apportée aux victimes de la sécheresse – les agriculteurs non irrigants – est nulle car impossible. Au demeurant, la récolte française de céréales 2011, avec 63[44] millions de tonnes, se situe dans la moyenne habituelle des dix dernières années (la récolte de 2010 était de 65 millions de tonnes). Pourtant, les médias ont affirmé au printemps que la récolte de blé serait «modeste»[45]. Or on a récolté 34 millions de tonnes de blé tendre en 2011, contre 35 millions en 2010. Après l'épisode tragi-comique de la mini-sécheresse de mars et avril 2011, les pluies sont revenues et le mois de juillet 2011 a été exceptionnellement froid et humide. A l'automne, tous les silos de céréales du pays étaient pleins, ce qui n'a fait la une d'aucun média.

Triste État, généreuse nature

L'Etat serait bien avisé de laisser les acteurs locaux gérer eux-mêmes leurs éventuels conflits d'usage et de n'intervenir qu'en seconde instance. On conçoit qu'il puisse aussi exiger des collectivités locales le respect

44. Source : site Internet de France-Agrimer. Cela fait une tonne par habitant et par an, dont 50 kg seulement vont être consommés en alimentation directe par les Français (pain, biscuits, pâtes, bière, etc.). Le reste (950 kg) part à l'exportation ou sert à l'alimentation du bétail.

45. Eric de La Chesnais, «La moisson française de blé s'annonce modeste», *Le Figaro*, jeudi 9 juin 2011.

de certains critères de qualité et de continuité du service. Il est alors, et alors seulement, légitime car il remplit son pouvoir de police.

Aucun citoyen n'admet un rationnement de l'électricité, même lors des pointes au moment des grands froids hivernaux, telles qu'observées en février 2012. EDF serait accusée de ne pas remplir ses obligations de service public. Pourtant, l'énergie est la denrée rare, et le sera de plus en plus.

Or on rationne l'eau si abondante, dont la ressource, si elle est bien exploitée, est infinie par rapport à la demande, même en période de sécheresse. Les acteurs de l'eau, sauf rares exceptions, gèrent sagement les réseaux d'eau potable, d'assainissement et d'irrigation, largement dimensionnés, et dont les ressources sont le plus souvent redondantes.

Merveilleux pays que celui qui a la chance d'avoir beaucoup d'eau ! Mais triste pays que celui qui a trop d'Etat !

6

Eau courante à chaque porte, incroyable progrès !

Imaginez un instant que l'on ait coupé l'eau pendant trois mois !

En 1850, à Paris, comme dans toutes les grandes villes, les habitants puisaient leur eau dans des puits ou allaient la chercher à la rivière, quand ils ne l'achetaient pas à des porteurs qui l'avaient tirée aux mêmes sources. Sa qualité était aussi douteuse que son prix était exorbitant, si l'on se réfère au prix d'aujourd'hui. Comme il n'y avait pas d'égouts, eaux de pluie et eaux sales stagnaient dans les cours et sur la chaussée. Le choléra pouvait se propager. Il fit encore des ravages sous la Restauration et la monarchie de Juillet. Ainsi, Juliette Récamier, qui avait fait chavirer tant de cœurs sous le Directoire et l'Empire, en mourut. Riches et pauvres étaient atteints, mais les premiers – quand ils étaient prévenus – avaient la possibilité d'envoyer leur famille à la campagne.

Une révolution domestique

Il y a moins de deux siècles, les travaux d'urbanisme de Haussmann à Paris et de Vaïsse à Lyon permirent de mettre en place des réseaux d'adduction d'eau potable et d'égouts. On a du mal à saisir l'ampleur de ce progrès tant, en pratique, il a changé la vie de tous, et notamment celle des déshérités, même si les plus riches furent les premiers à en bénéficier. A ces premiers réseaux s'en sont ajoutés d'autres, et les sous-sols de nos villes ne sont plus qu'un enchevêtrement de tunnels, de tuyaux, de fils et de fibres : eau, assainissement, gaz, électricité, téléphone, fibres optiques, métro, air comprimé, chaleur et, aujourd'hui, froid... Tout cela vient à domicile mais n'existe que parce que l'on a bâti des règles d'urbanisme et... collecté des impôts locaux. Sans urbanisme pas de réseaux, comme c'est le cas dans les favelas, les bidonvilles et autres zones d'« habitats spontanés » des pays du tiers-monde.

L'eau courante est d'abord une affaire urbaine, le milieu rural sera longuement délaissé. Aussi, les auteurs de cet ouvrage, dans les années 1960, à l'école du Génie rural des eaux et des forêts, travaillèrent sur des projets de réseaux d'adduction d'eau dans les communes rurales de la Meuse.

L'arrivée de l'eau courante dans les habitations fut une révolution domestique. Elle s'est accompagnée de plusieurs inventions dont celle de la cuvette à l'anglaise avec sa chasse d'eau Ainsi se créent dans les appartements des quartiers bourgeois de nouveaux placards, les placards à eau : le fameux « water closet » ou, pour parler français, les WC. Rappelons que Louis XIV présidait ses conseils sur une chaise percée. A Versailles, une armée de laquais permettait à la plus haute noblesse de soulager ses besoins naturels, un peu n'importe où. A Paris et dans toutes les villes du royaume, le contenu était souvent déversé par les fenêtres dans les cours en prévenant, parfois : « De l'eau, attention, de l'eau ! »

De tout cela, on peut remarquer qu'il manque, heureusement, dans tous les films historiques, une caractéristique d'époque : l'odeur. Elle nous serait, aujourd'hui, insupportable. Quant aux « lieux d'aisances », quand ils existaient, ils étaient extérieurs à l'appartement ou à la maison. En l'absence d'eau, seule la fosse sous cabanon au fond du jardin donnait une réponse à peu près propre et sans odeur, pour recevoir urines et matières fécales.

Le lavabo, avec eau chaude et froide, sa vidange, la salle de bains ou de douche, la cuvette à l'anglaise et sa chasse, tout cela paraît si « naturel », mais ne date, pour les plus favorisés, que du début du siècle dernier. L'eau courante arrive alors sur l'évier de la cuisine puis monte à l'étage. « Eau et gaz à tous les étages » était encore il y a un demi-siècle une marque de distinction qualitative des immeubles « modernes ».

L'histoire retiendra que le tournant du troisième millénaire aura vu la révolution de l'informatique, d'Internet, de la téléphonie mobile, de la génomique, des nanotechnologies, des neurosciences... mais nos contemporains ont oublié qu'autour des années 1900 ont été inventés ou se sont généralisés : le cinéma, la photographie couleur, la photographie instantanée, la carte postale, le vélo « moderne », l'automobile, l'avion, le bitumage des routes, le tramway électrique, le métro, l'électricité et le gaz domestiques, le téléphone, rapidement suivi par la radio. Et, bien sûr, l'eau courante, froide, puis chaude, à tous les étages, et, pardon d'insister, les WC avec leur cuvette à l'anglaise... La belle époque, assurément !

Ces inventions ont notamment permis de nouvelles pratiques hygiéniques : lavages corporels, nettoyage des sols, lessive, vaisselle. Elles ont fait reculer de nombreuses pathologies, à commencer par le choléra, mais aussi des maladies diarrhéiques et la typhoïde. Les réseaux d'eau et d'égout ont plus fait pour l'humanité que de très spectaculaires progrès médicaux comme, par exemple, la transplantation cardiaque. Ce n'est nullement pour en minimiser l'incommensurable valeur, mais pour rappeler que, entre la perception d'un progrès et son effet réel, il y a souvent un océan d'ignorance.

Les mêmes progrès sont aujourd'hui ardemment souhaités, et trop souvent vainement attendus, dans les grandes villes des pays émergents. Il faudra, au moins, encore un demi-siècle pour que toutes les villes du monde de plus de 5000 habitants disposent de réseau d'eau potable, et si on voulait vraiment les aider, nul doute que cet investissement-là serait prioritaire, tant ses effets sanitaires et sociaux sont grands.

Mais revenons à la France : l'équipement du territoire en eau courante fut lent et progressif.

– En 1900 : 468 communes de plus de 5000 habitants sur 616 sont desservies

– En 1930 : 8604 communes sur 38000 sont desservies (23 %)

– En 1937 : 12817 communes sur 38000 sont desservies (34 %).

En 1939, 20 millions de citadins sur 21 sont alimentés, mais seulement 5 millions de ruraux sur 20 millions. En 1945, 37 % des immeubles avaient l'eau courante mais 5 % seulement des appartements avaient une salle de bains équipée et des WC intérieurs. En 1984, les pourcentages respectifs sont de 99 % et 85 % grâce au développement de l'adduction d'eau potable en milieu rural qui se fit dans les fermes isolées entre les années 1950 et 1980. Ainsi, le volume des ventes d'eau a été multiplié par cinq depuis la Seconde Guerre mondiale pour atteindre 5 milliards de m^3 aujourd'hui. La tendance est au plafonnement ou même à une légère baisse des consommations par personne.

Il est facile de produire de l'eau potable

Elle l'est souvent dès la source...

L'eau qui arrive au robinet part des rivières ou de la nappe phréatique. La moitié des réseaux puise l'eau en surface, l'autre sous terre, cette dernière est la plus propre. L'eau potable n'est ni rare, ni précieuse. La quasi-totalité des eaux souterraines est saine, sur le plan chimique comme sur le plan bactériologique. Elle peut donc être injectée directement dans le réseau de distribution sans traitement, sauf une très légère chloration. Donc, en France, dans un cas sur deux, l'eau du robinet n'est pas « traitée ». Il n'y a ni usines, ni bâtiments, sinon des pompes immergées dans des puits ou des forages... au milieu de prairies que forment les champs captants.

Dans les nappes phréatiques profondes, comme la nappe de la Beauce, ou dans les nappes dites d'« inféroflux», situées sur les bancs de sable à proximité d'un fleuve ou d'une rivière, l'eau est pure, sans argile et sans micro-organismes, bactéries, algues microscopiques ou autre. En l'absence de lumière, et dans un milieu bien oxygéné, l'eau «naturelle» convient à la consommation. Sa qualité chimique et bactériologique est le plus souvent conforme aux très exigeantes normes européennes. C'est le cas, notamment, de l'agglomération lyonnaise, de Grenoble, et de nombreuses autres villes situées au bord du Rhône ou de la Loire.

La légère chloration n'a pas pour but de nettoyer de l'eau pure, mais de prévenir des surinfections, toujours possibles dans les grands réseaux, car l'eau va séjourner dans des canalisations, des réservoirs et autre châteaux d'eau. Ainsi, les eaux du robinet ont un léger gout de Javel. Il disparaît après un séjour de vingt-quatre heures dans une carafe au réfrigérateur.

... sinon il est aisé de la rendre potable

Certes, les choses se compliquent un peu quand il s'agit d'une eau de surface, rivière ou fleuve comme source d'origine, un traitement devient alors nécessaire. Les eaux de surface ne sont jamais limpides, elles contiennent toujours de l'argile ou du limon, en suspension. Faute de disposer d'un champ captant naturel, il faut construire et exploiter une usine de filtration qui aura le même effet. Elle copiera la nature avec des bassins remplis de sable, de granulométrie variée, grossière en haut, plus fine en bas, pour filtrer argiles, limons et bactéries éventuelles. Afin d'améliorer le blocage des argiles, ces dernières seront

« floculées » artificiellement, par exemple avec du sulfate de fer. Elles passeront ainsi de l'état colloïdal[46] à l'état presque solide et donc seront mieux arrêtées par le sable. Des couches de charbon actif peuvent aussi être mises en place pour accélérer l'oxydation des matières organiques résiduelles. Cette technique est qualifiée de filtration lente. Elle est bien adaptée et peu coûteuse pour les villes moyennes. L'usine de filtration est un champ captant artificiel qui fonctionne selon le même principe que les champs naturels.

D'autres technologies sont employées pour les grandes ou très grandes villes car elles permettent de gagner du temps et de l'espace. On parle alors de filtration rapide[47].

Plus de cinquante paramètres de qualité précisés par les normes européennes sont régulièrement contrôlés, et cela, parfois, en continu. En France, **les qualités objectives de l'eau du robinet sont les mêmes, ou parfois supérieures, aux eaux embouteillées**, n'était le léger goût de chlore, dont nous avons parlé. Souvent la « minéralisation », c'est-à-dire, par exemple, la teneur en magnésium ou en calcium, est supérieure. Certes, le calcaire encrasse récipients et machines,

46. Le lait ou la gélatine sont des suspensions dites « colloïdales » car ils contiennent des particules en suspension suffisamment petites pour que le mélange soit homogène dans l'eau.

47. La succession des opérations comprend une coagulation-floculation des argiles, une décantation de l'argile floculée, une filtration classique sur lit de sable, mais à vitesse plus rapide, d'où un gain de place par réduction de la surface des bassins. On peut aussi injecter de l'ozone (ou trioxygène) qui détruit les bactéries et élimine les micropolluants organiques, ce qui améliore le goût (on parle de « qualités organoleptiques ») de l'eau produite. La chloration légère achève le traitement, exactement comme pour les eaux souterraines.

mais si l'eau est peu « dure », c'est-à-dire peu calcaire, l'usager devra trouver ailleurs son apport quotidien de calcium.

Soulignons que les eaux minérales embouteillées coûtent entre 100 et 1400 fois le prix de l'eau du robinet. Un quart de litre d'eau, réfrigéré, livré dans un distributeur, dans une gare ou une station-service coûte un euro. Ce prix, qui n'étonne personne, met le litre à 4 euros alors qu'il coûte 0,3 centime au robinet, soit très exactement 1330 fois moins cher. Il est vrai qu'on peut transporter ces bouteilles.

On peut aussi dessaler de l'eau de mer

Pour les pays arides ou semi-arides ayant un accès à la mer, le dessalement est devenu un procédé peu coûteux grâce à la technologie de filtration sur membranes, car de nombreuses villes de la planète se sont développées dans des zones arides, voire désertiques, et les sources d'eau douce sont par définition insuffisantes. « L'osmose inverse » permet d'extraire le sel de l'eau sans que celle-ci s'évapore. Si cela paraît facile, c'est moins évident qu'il n'y paraît pour tous ceux qui ont encore en mémoire quelques cours de chimie. En effet, la masse moléculaire de l'eau et celles des ions sodium et chlore, qui composent le « sel » de cuisine et de l'eau de mer, sont très proches : 18 pour l'eau, 23 pour l'ion sodium (Na^+) et 35 de masse molaire atomique pour l'ion chlore (Cl^-), il est donc difficile de les séparer à cette échelle microscopique. On y est parvenu en fabriquant des membranes avec des pores qui tamisent à l'échelle atomique et laissent passer l'eau seule.

On peut aussi distiller l'eau de mer, autrement dit transformer le liquide en gaz avant de revenir du gaz au liquide[48], ou encore chauffer l'eau, la déverser dans un réservoir à basse pression; une partie de l'eau se transforme alors en gaz, le sel se dépose; puis, quand la pression s'accroît, le gaz se transforme en eau, et on recommence plusieurs fois jusqu'à obtenir un liquide pas trop salé[49].

Le dessalement n'est pas rentable pour l'irrigation. En revanche, cette activité est en forte croissance pour la distribution d'eau potable. La capacité installée augmente chaque année de plus de 10 %, et la technique la moins onéreuse se substitue progressivement. Elle représente environ 50 % des parts de marché. Cette technique est également utilisée dans les bateaux, notamment les grands bateaux de croisière qui consomment plus de 6000 m^3 d'eau par jour, 6000 tonnes.

---

48. Pour limiter les dépenses énergétiques, le distillateur est constitué de plusieurs évaporateurs en série que l'on appelle *effets*. La vapeur issue du premier effet se condense au niveau du second effet, et l'énergie libérée par la condensation sert à évaporer l'eau de mer qui s'y trouve. Le troisième évaporateur joue le rôle de condenseur pour les vapeurs issues du second effet, et ainsi de suite. La vapeur du dernier effet sert à réchauffer l'eau d'alimentation du premier effet. Ce système produit une eau très pure; mais son coût énergétique est élevé de 15 kWh/m^3 environ.

49. C'est la technique du « flash multi-étages », utilisée dans les pays du Golfe. Elle est consommatrice d'énergie.

Pourquoi tant d'eau ?

Nous avons plusieurs fois indiqué qu'en France on utilisait 150 litres d'eau par personne et par jour pour l'usage domestique. Ce chiffre décroît un peu avec la taille du ménage, et un tiers de cette eau est de l'eau chaude. Voici la répartition des usages domestiques de cette eau, en se limitant à l'exemple de Paris.

- boisson : 1 %
- préparation de la nourriture : 6 %
- vaisselle : 10 %
- lavage du linge : 12 %
- toilette – hygiène : 39 %
- sanitaires : 20 % (variable selon le nombre, l'âge et le sexe des occupants)
- autres usages domestiques : 12 %.

Le calcul pour 63 millions d'habitants de la France métropolitaine donne 3,5 milliards de m^3 par an pour tous les besoins domestiques, soit 2 % de l'abondance brute des rivières françaises à l'embouchure, eau utilisée pour éliminer, transporter puis évacuer des déchets liquides, **mais elle n'est pas consommée.**

Les prélèvements ne cessent de diminuer en France : moindres besoins des appareils ménagers, consommations en baisse liées à de nouvelles habitudes socioculturelles, diminution des pertes dans les réseaux, influence du prix de l'eau. Ainsi, pour l'agglomération lyonnaise, les prélèvements atteignaient 140 millions de m^3 dans les années 1970. Ils sont passés sous la barre des 100 millions de m^3, pour un nombre d'habitants qui s'est accru de 30 % durant la même période !

Et pourtant elle coule !

Pour que l'eau s'écoule, il lui faut de la pression. Soit cette pression est naturelle car, à partir de la source ou du réservoir, existe une pente, soit elle est créée par des pompes qui, fort heureusement, sont devenues la règle et remplacent les châteaux d'eau, amusant à construire mais, le plus souvent, hideux. Nos paysages ruraux en témoignent.

Tout réseau contemporain dispose d'une artère centrale et des branches latérales de plus faible diamètre ainsi que des interconnexions entre branches latérales. Le réseau est ainsi «palmé» et «maillé». Ainsi, l'eau peut circuler dans les deux sens dans certains tronçons. Le service reste bon, en quantité comme en qualité (pression), tout simplement parce que la très grande majorité des réseaux est surdimensionnée pour l'usage des services d'incendie et secours qui exigent forte pression et fort débit afin d'alimenter les lances des sapeurs-pompiers. De nombreux réseaux disposent de groupes électrogènes de secours et sont équipés pour éviter les surpressions, la résonance ou les coups de bélier, possibles sources de pannes ou de ruptures. Par ailleurs, ils sont protégés pour éviter toute intrusion dans les endroits sensibles.

Le «client» le plus exigeant du réseau est la borne incendie : elle demande débit élevé, bonne pression et sûreté du réseau. On pourrait presque dire que la desserte en eau potable des habitants est un sous-produit de leur protection contre l'incendie...

Le réseau se termine chez l'habitant par un compteur, organe plus complexe qu'il n'y paraît car non seulement il mesure le débit, mais il réduit la pression pour que l'usager ne soit pas aspergé dès qu'il ouvre un robinet. Il dispose aussi d'un clapet pour interdire toute marche arrière entre le particulier et le réseau public. Il pourrait en effet arriver que ce dernier soit accidentellement mis en dépression et aspire le contenu d'une baignoire pour l'injecter dans le réseau ; surprenant toujours, drôle parfois, jamais hygiénique Le clapet antiretour évite ce genre de surprises.

À quel prix ?

La loi sur l'eau du 3 janvier 1992 précise que le prix facturé à l'usager comprend :

- un abonnement correspondant aux charges fixes du service et au mode de branchement de l'eau potable
- une partie variable qui dépend du volume d'eau mesuré au compteur et qui servira aussi à la redevance assainissement
- enfin, des taxes au profit des organismes publics, dont trois taxes différentes pour l'agence de l'eau, une taxe pour les voies navigables et la TVA de 7 %.

En région parisienne, en 2010, environ 43 % de la facture d'eau correspondait à la distribution de l'eau potable, 31 % à l'assainissement et 26 % aux taxes et redevances. Toujours pour 2010, la facture moyenne annuelle des ménages en France était de 312,37 euros pour 120 m^3 d'eau, soit un peu moins de 3 euros par m^3, dont 53 euros pour les agences de l'eau et 29,88 euros au titre des taxes.

La tendance lourde est à la stabilité ou à la baisse du prix de l'eau potable : amortissement des réseaux et fin du remboursement des dettes associées, progrès technologiques, limitation des pertes, relative simplicité de la maintenance. C'est l'inverse pour l'assainissement. Les réseaux sont inachevés, complexes et coûteux. Leur maintenance est lourde. Les usines d'épuration sont soumises à des normes de plus en plus exigeantes. Aussi, en comptant les redevances dues aux agences de l'eau, qui sont d'abord des «taxes» pour l'assainissement, le coût global, hors taxes et redevances, du service tend vers une répartition 50 % eau potable et 50 % assainissement. En définitive, il est moins cher de produire et distribuer de l'eau potable que dépolluer les eaux usées, opération autrement plus complexe. L'application du principe du pollueur payeur pèse légitimement sur le prix total, une saine écologie a toujours un prix. Les variations locales de ce coût restent faibles, autour de la moyenne de 3 euros.

En moyenne, le prix de l'eau correspond à 1 euro par jour et par ménage. Il est inférieur de 10 % à la moyenne européenne. Depuis quinze ans, le prix de l'eau a moins augmenté que le Smic, et la part du budget «eau et assainissement» est restée stable à 0,8 % des dépenses d'un ménage «moyen». Par comparaison, le coût moyen des télécommunications s'élève à 2,4 %, l'électricité à 3,8 %, soit, respectivement, quatre ou six fois plus.

Encore des idées fausses

Nous avons vu dans les chapitres précédents qu'il était inutile et coûteux de chercher à tout prix un réseau étanche et qu'il était onéreux et parfois dangereux de créer un réseau parallèle d'eau « brute », non traitée. Mais ce n'est pas tout.

Il n'est pas facile d'empoisonner un réseau d'eau

Jean-Christophe Rufin[50] l'imagine, mais l'empoisonnement bactériologique ou chimique d'un réseau reste une entreprise techniquement difficile. Dans les grandes villes, les débits sont trop élevés et les réservoirs trop grands, le poison serait donc très dilué.

S'il existait un poison efficace à la dose de 1 gramme par litre, l'empoisonnement criminel d'un réservoir de 5 000 m^3 nécessiterait d'y déverser 5 tonnes de poison. Or il n'existe nulle part de tels volumes en stock et il est difficile, sans donner l'alarme, de se procurer de telles quantités. Cette substance, par essence dangereuse, risquerait en outre de tuer les criminels potentiels. Un camion-citerne de 5 m^3 ne peut pas être introduit facilement à proximité d'un réservoir. Sa vidange nécessiterait dix minutes, vingt minutes ou une heure selon la puissance de la pompe qui ferait le transfert. Difficile, très difficile, pas impossible cependant : les réservoirs des grandes villes sont donc protégés, multiples barrières à l'entrée, contrôle, vidéosurveillance, alarmes, vigiles...

50. Jean-Christophe Rufin, *Le Parfum d'Adam*, Flammarion, 2007.

En revanche, il est relativement plus facile d'empoisonner une petite canalisation avec une pompe d'injection branchée dans une cave d'immeuble, sur la colonne montante... Facile, mais totalement proscrit. Dans tous les cas les terroristes n'obtiendraient pas l'effet recherché, compte tenu de la lenteur du processus d'empoisonnement et de la recherche de ses causes ainsi que l'impossibilité pour les médias de faire de « belles » images, violentes, brutales et spectaculaires.

Quand un réseau est pollué, il ne faut pas l'arrêter

Nous venons de voir que le risque de pollution d'un réseau était faible mais, comme toujours, jamais nul. Dans les années 1980, l'incendie d'une usine d'engrais en amont de Tours avait conduit le préfet du département à obliger Jean Royer, maire de Tours, à fermer le réseau, au motif que l'eau pouvait être légèrement toxique. Ce fut une erreur car, en cas d'arrêt, le risque hygiénique devient redoutable lorsque les habitants n'ont plus d'eau pendant plusieurs jours pour la vaisselle, la lessive, l'hygiène corporelle et la vidange des cuvettes des WC. Toutes ces utilisations peuvent dans 99,9 % des cas tolérer une eau légèrement polluée. En outre, et surtout, **la remise en eau d'un réseau qui a été vidé est source de pollutions microbiennes et d'accidents techniques** liés à l'air introduit : ruptures de canalisations, coups de bélier, et autres.

Depuis cet incident, la consigne est claire : on ne ferme jamais un réseau, mais on distribue de l'eau embouteillée en cas de doute sur la qualité alimentaire de l'eau. A tous les niveaux : communes, compagnies fermières, autorités préfectorales, des consignes précises et obligatoires ont été données. Depuis vingt-cinq ans, seuls quelques rares réseaux, en général petits, ont dû être fermés, pour quelques heures en France.

En France, quand nous nous approchons d'un robinet, où que nous soyons, l'eau coule et elle est potable. Et alors ? Alors c'est très étonnant pour encore une bonne moitié de l'humanité, et tous les hommes qui étaient sur terre jusqu'à la fin du XIXe siècle. Un progrès peut être à la fois incroyable et familier.

7

Eau qui part, pour... revenir, après quelques traitements[51]

Les déchets liquides sont naturels, la propreté ne l'est pas

Toute publicité pour les eaux minérales rappelle la connotation positive de l'eau pure, transparente. En revanche, l'eau « sale », stagnante, putride, malodorante, inspire le dégoût, et cela plus que jamais dans notre monde aseptisé. Il aura fallu des siècles pour éloigner non seulement les risques sanitaires de cette eau, mais sa présence même. L'homme moderne utilise beaucoup d'eau pure et produit autant d'eau sale dont, le plus souvent, il ignore le devenir, voire même l'existence.

Il a fallu un bon siècle pour assainir les marais des Dombes, de Sologne ou des Landes, et deux siècles à Paris pour traiter et épurer ses eaux pluviales et « usées ». Bien entendu, sans eau courante, la notion d'égouts pour eaux usées n'a pas de sens. Les eaux

51. Il serait regrettable, même pour les odorats sensibles, de sauter ce chapitre.

sales ou «vannes» étaient rejetées n'importe où et rejoignaient tant bien que mal le réseau d'eaux pluviales à l'air libre.

Là encore, les Romains donnèrent l'exemple. Déjà sous Néron, un égout de grande section conduisait les eaux pluviales et usées du Forum jusqu'au Tibre. La première fonction de ce *Cloaca maxima* était d'écouler les eaux pluviales. En effet, le Colisée avait été construit sur une zone marécageuse, il fallait la drainer et ensuite conduire jusqu'au Tibre l'eau qui arrivait dans cette cuvette les jours de pluie. S'y branchèrent alors des latrines publiques, des thermes, et les villas qui se trouvaient à proximité de son tracé étaient très recherchées. Ce modèle s'étendit ensuite aux autres quartiers de la ville et à toutes les agglomérations de l'empire. On en retrouve des traces, par exemple, à Vienne dans l'Isère ou à Saint-Romain-en-Gal, en rive droite du Rhône. Ces équipements étaient indispensables aux établissements dont on oublie le luxe : piscines d'eau chaude, piscine d'eau tiède, piscine d'eau froide, saunas, hammam, massages, musculation, confortables latrines collectives, le tout somptueusement décoré par des niches encadrées de colonnes, de statues, de fresques, de mosaïques... rien n'était trop beau pour les thermes.

Les invasions barbares détruisirent la structure sociale et politique qui permettait à ces villes d'exister. Il faudra près de dix-neuf siècles pour retrouver des établissements de «bien-être» et autres «spas» auxquels ils puissent être comparés. Dix-neuf siècles pendant lesquels la plupart des rues ne seront ni pavées, ni drainées. Au mieux, les rues des villes et villages avaient un caniveau central qui recueillait les eaux pluviales et accessoirement les eaux sales qu'on y déversait. S'y ajoutaient les ordures ménagères, le crottin de cheval et les déjections des autres animaux présents en ville : vaches, moutons, chèvres, porcs, volailles... Les jours d'orage étaient aussi jour de ménage, on respirait enfin, l'eau de pluie emportait ces déchets.

L'hygiène en pâtissait. Eau stagnante et matières fécales sont un terreau fertile à l'épanouissement du choléra. Il faisait des ravages. En 1832, sous Louis-Philippe, plus de 10000 personnes en meurent à Paris. Aujourd'hui, dans les pays les plus pauvres, la priorité absolue est toujours d'évacuer les eaux pluviales car elles véhiculent paludisme, choléra, amibiases et autres maladies diarrhéiques. On comprend alors pourquoi le réseau d'égouts pour eaux sales apparaît d'abord comme un sous-produit du réseau d'assainissement pluvial.

Les villes produisent de l'eau

En effet, les égouts ne servent pas qu'à évacuer après usage l'eau industrielle et domestique, mais aussi les pluies qui, le plus souvent, rejoignent l'égout et se mêlent aux eaux usées. Il y a quelques exceptions à cette règle lorsqu'on peut construire des réseaux différents pour les eaux de pluie et les eaux sales. On parle alors d'assainissement « séparatif ». Cela se fait dans quelques nouveaux quartiers ou zones industrielles, ce qui permet de réduire le dimensionnement des réseaux d'eaux usées et les stations de traitement.

Mais l'inconvénient est que ces eaux de pluie ne sont alors pas traitées. Or les eaux pluviales doivent aussi être dessablées et dégrillées pour ôter papiers, déchets divers, feuilles mortes, etc. La règle générale est donc le réseau unitaire que rejoignent à la fois eaux pluviales et eaux usées. En cas d'orage, les débits deviennent importants. Ni le réseau, ni l'usine d'épuration ne sont dimensionnés pour traiter de tels volumes. Les déversoirs d'orage entrent en service et rejettent le mélange d'eaux de pluie et d'eaux usées directement dans le milieu naturel, avec, il est vrai, une dilution importante. Il est trop onéreux et techniquement impossible de dimensionner nos réseaux pour ces pluies exceptionnelles. La précaution a, une fois encore, ses limites, mais revenons aux villes où il arrive de pleuvoir.

Elles produisent de l'eau, à l'exception du Caire ou de Riyad, où il ne pleut pratiquement jamais. Aussi, les volumes rejetés par les égouts des grandes villes sous climat humide sont en moyenne supérieurs de 50 % aux volumes pompés en tête du réseau d'eau potable. Paris intra-muros couvre 10000 ha, soit 100 millions de m^2. Les pluies sur Paris peuvent être estimées à 65 millions de m^3 par an et, avec un coefficient de ruissellement de 50 %, la ville « produit » chaque année près de 32 millions de m^3 d'eau, qui vont accroître le débit de la Seine. Les ruisseaux urbains apportent aussi leur contribution, comme la Bièvre. Peuvent en outre s'ajouter des sources naturelles, des pompages dans la nappe phréatique, fréquents lorsque les entreprises de construction et de travaux publics réalisent des fondations; enfin, certains ouvrages souterrains sont contraints de pomper en permanence les infiltrations.

Comme les deux millions de Parisiens utilisent en moyenne 50 m^3 par personne et par an pour leurs besoins domestiques, soit un total de 100 millions de m^3, qui repartent à l'égout, auxquels il faut bien ajouter environ 35 millions de m^3 venant des pluies, les usines d'épuration de Paris doivent gérer 135 millions de m^3 pour la seule capitale. Pour l'ensemble de la région parisienne, un milliard de m^3 sont à traiter, et le sont effectivement depuis une date récente.

Rappelons, une fois encore, que **si la ville de Paris et son agglomération n'existaient pas, le débit de la Seine serait le même à Charenton, à Asnières, ou après le confluent avec l'Oise**. L'agglomération constitue un bassin versant; sous l'effet de la pluie et de son ruissellement, le débit du fleuve ne cesse de croître quand on descend vers l'aval, l'urbanisation ne jouant qu'un rôle nul ou marginal dans ce phénomène naturel.

HAUSSMANN ET BELGRAND, URBANISTES DE GÉNIE ET CONSTRUCTEURS D'ÉGOUTS

Dès le début du Second Empire, le baron Haussmann lance la construction des égouts de Paris, avec l'aide de son ingénieur Belgrand. Le percement des grands boulevards permet l'installation de collecteurs de grands diamètres, et, dès la fin du XIXe siècle, Paris est propre, tous les boulevards sont pavés, plantés d'arbres, bordés d'immeubles en pierre de taille, qui se raccorderont naturellement à l'égout central. L'eau potable arrive. Le choléra disparaît, bien avant que les pasteuriens l'observent au microscope et, bien entendu, longtemps avant l'arrivée des antibiotiques. Mais les égouts de Haussmann et de Belgrand se déversent dans la Seine. On ne sait pas purifier ou épurer à cette époque, et on n'en voit d'ailleurs pas la nécessité. Les fleuves sont pollués. Toutefois, à l'exception notable de la Seine, la qualité des cours d'eau du Second Empire jusqu'à la guerre de 1939-1945 restera assez bonne. En effet :

– la population urbaine de la France ne dépasse pas 20 millions d'habitants,

– les réseaux d'assainissement sont embryonnaires, et non connectés entre eux. Les effluents arrivent de manière dispersée, le long des cours d'eau, d'où une assez bonne autoépuration par le milieu naturel,

– la production d'effluents de l'industrie reste limitée à quelques bassins ou lacs, eux très pollués.

Dans ce contexte, le traitement des eaux usées ne sera déclaré officiellement d'« utilité publique » qu'en 1935.

Des égouts, mais pas de traitement

La technique de construction des égouts est bien connue depuis les années 1830 ; Victor Hugo la décrit dans *Les Misérables*. Mais les stations d'épuration avec leurs décanteurs n'apparaissent qu'un siècle plus tard (1930). On ignore encore les traitements biologiques, notamment par les boues activées[52]. On connaît mal les débits pluviaux, et les ingénieurs ne disposent pas de lois hydrologiques permettant de dimensionner les ouvrages d'assainissement pluvial. L'épuration est réalisée par épandage des eaux usées ou des boues dans les champs des maraîchers. Dans l'industrie, chaque usine fait ce qu'elle veut ou ce qu'elle peut concrètement[53], presque toujours le pire. Toutes nos grandes villes, y compris Paris, en portent les traces dans les sols de leurs zones industrielles.

Des rivières souterraines

La conception et le fonctionnement des égouts n'ont rien de commun avec les canalisations d'eau potable. En effet, les canalisations d'eau sont sous pression, de faible diamètre, l'eau y coule souvent vite (autour d'un mètre par seconde) et la pente de la canalisation n'a pas d'importance du fait de la pression. L'égout, lui, fonctionne à surface libre, et l'eau usée coule comme une rivière ou un canal enterré. La mise sous pression d'un égout pourrait conduire à des surprises désagréables que l'on peut imaginer en se bouchant le nez l'espace d'un instant ! Car l'égout se mettrait à fonctionner à l'envers et refoulerait ses eaux usées dans les logements par la cuvette des WC ou la bonde des lavabos et des baignoires... Il est donc impératif qu'une

52. Cette technique d'épuration sera expliquée ci-après.
53. Faute de moyens financiers mais surtout techniques... A l'époque, on ne savait pas épurer.

pente légère et régulière vers l'aval soit maintenue tout au long du tracé de l'égout, et cela dans l'ensemble du réseau, afin que les eaux usées s'écoulent sans être sous pression.

Il y a des égouts visitables, de grande section, souvent ovoïde, dans lesquels les égoutiers peuvent pénétrer debout, aux fins de maintenance, et des égouts non visitables, circulaires et de faible diamètre (compris entre 200 et 500 mm) qui récupèrent les eaux usées. Ils fonctionnent aussi en canal couvert car l'eau n'occupe qu'une partie de la section courante et ne coule que sous l'influence de la pente. Le plus grand soin doit donc être accordé à la pente régulière pendant la pose de l'égout. Si le terrain est plat ou s'il remonte, on donne à l'égout une pente supérieure, ce qui nécessite de creuser un fossé de plus en plus profond, en « surprofondeur » pour employer le terme des spécialistes. Ainsi, des égouts descendants à 7 mètres de profondeur ne sont pas rares. L'eau est alors reçue dans une fosse enterrée et doit être remontée par une pompe à la cote de départ de la prochaine section. La succession des tronçons donne au collecteur un profil en dents de scie fait d'une succession de canalisations et de stations de relevage. On comprend alors pourquoi le réseau n'a pu parfois s'étendre qu'au début du XXe siècle, avec l'électrification des villes, et, en 2010, l'équipement de la France en réseaux complets et opérationnels reste inachevé et celle de l'agglomération parisienne ne date que de cinq ans ! La situation demeure dramatique dans les pays pauvres, faute d'argent, d'eau et d'électricité.

On y trouve de tout !

Passent à l'égout de nombreux résidus solides : sables des rues, feuilles mortes, papiers sales, emballages, restes alimentaires, etc., mais aussi : bouteilles, animaux morts ou vivants – des tortues de Floride aux crocodiles –, nouveaux animaux de compagnie qui, abandonnés, vont faire sous nos pieds un drôle de voyage ! Si des grilles souvent visitées limitent ce phénomène, les risques d'obstruction restent élevés. L'opération de « dégrillage » automatique nécessite aussi de l'énergie : un moteur qui fait remonter et descendre le râteau dégrilleur, une vis sans fin pour écarter latéralement les déchets et les stocker dans une fosse, puis une vidange régulière de cette fosse par les égoutiers, notamment pour enlever le sable qui s'y accumule. Le « tout-à-l'égout » a permis le mélange des eaux grises (lessive, vaisselle, bains) et des eaux vannes, provenant des WC. Ce mélange était autrefois interdit. En effet, chaque immeuble avait sa fosse pour les eaux vannes et devait faire appel régulièrement à une compagnie de pompage, le « vidangeur ». Mais le « tout-à-l'égout » ne signifie pas qu'on peut y mettre n'importe quoi, et notamment des déchets solides.

Enfin une solution écologique : la station d'épuration

En anglais, une station d'épuration s'appelle *purification plant*. Purifier, épurer, les racines sont les mêmes, les connotations sont toutefois différentes. Quoi qu'il en soit, les objectifs de ces stations, véritables usines au processus long et complexe, sont identiques.

La première étape va consister, pour la dernière fois, à séparer les nombreux solides flottants (dégrillage) ou de fond (dessablage). Puis viendra un déshuilage ; en effet, les matières grasses sont l'ennemi du processus d'épuration ultérieur. On va donc les émulsionner, c'est-à-dire produire une sorte de « mayonnaise » flottante que l'on pourra récolter avec des racleurs de surface. L'eau alors n'a plus de résidus solides ou graisseux, mais elle demeure chargée de matières organiques qui peuvent en partie décanter (30 %), c'est-à-dire descendre au fond d'un bassin sous l'influence de la pesanteur.

Ainsi se réalise une décantation primaire en bassin circulaire qui, muni d'un racleur, va envoyer les boues récupérées vers un circuit de traitement spécifique. La deuxième phase du traitement est biologique et non pas physique comme la décantation. S'inspirant du processus qui décompose la matière organique en humus dans la terre, des bactéries aérobies, grosses consommatrices d'oxygène, vont « manger » la pollution. Différents procédés permettent alors d'envoyer de l'air dans ces bassins : brosses ou turbines de surface, injection d'air par le fond pour faire travailler ces « boues activées ».

La pollution est formée de milliers, voire de dizaines de milliers de molécules organiques, toutes différentes. On mesure donc la pollution par la quantité d'oxygène nécessaire à sa destruction par les bactéries. L'unité de mesure de la pollution organique est donc la demande biologique en oxygène, en abrégé DBO, exprimée en grammes d'oxygène ou en kilogrammes, ou encore en tonnes. Un Français moyen produit un peu moins de 100 g de DBO[54] par jour.

L'agitation de l'eau dans les bassins biologiques est arrêtée de temps en temps pour permettre une décantation secondaire, on laisse alors descendre vers le fond par gravité ce que les bactéries n'ont pas éliminé. Les pompes de fond renvoient les boues vers leur circuit spécial. Une ultime décantation tertiaire va permettre de récupérer les quelques éléments organiques en suspension qui subsistent. Là encore, les boues seront récupérées en partie basse, mais l'eau purifiée qui déverse lentement en partie haute du bassin va pouvoir rejoindre le milieu naturel.

Les boues sont en général centrifugées pour en extraire l'excès d'eau. Une humidité inférieure à 40 % rend possible leur incinération dans des fours spéciaux, sans apport d'énergie extérieure. Les fumées sont filtrées et traitées. Les cendres partent vers des décharges réglementaires. Ainsi, l'épuration complète associe souvent les deux modes d'oxydation : combustion lente par les bactéries, combustion rapide des boues dans les fours par le feu. Les deux opérations sont exothermiques, c'est-à-dire dégagent de l'énergie. Les boues déshydratées et compostées peuvent aussi être vendues aux agriculteurs, ou vendues en cimente-

54. Les spécialistes parlent de DBO5, car la DBO est mesurée en laboratoire pendant cinq jours d'activité des bactéries. On utilise aussi la DCO, demande chimique en oxygène, pour mesurer la pollution organique.

rie. Le cas du syndicat parisien, le SIAPP[55], donne un bon exemple de diversification de l'usage final des boues.

Les usines ne font jamais disparaître 100 % de la pollution. Le rendement des meilleures peut atteindre 90 %. La moyenne nationale, mal connue, se situe entre 50 % et 70 %. Le processus de dépollution continue dans le milieu naturel si la charge organique résiduelle est compatible avec sa capacité d'épuration. Cette dernière est d'autant plus élevée que le débit du cours d'eau et donc la dilution sont élevés.

PLUS ÉCOLOGIQUES, MAIS TOUT AUSSI ARTIFICIELLES : LES STATIONS BIOLOGIQUES SUR ROSEAUX

Depuis une vingtaine d'années se sont développées en France des petites stations d'épuration sur roseaux. Ces équipements ne peuvent pas dépasser le traitement des eaux usées d'une ville de plus de 1000 habitants. Elles peuvent être très efficaces. Un roseau très commun, le Phragmite, fixe spontanément sur ses racines de nombreuses bactéries « mangeuses de pollution ». Les stations sur roseaux, si le site s'y prête, et notamment si la pente est suffisante, ne nécessitent donc aucune énergie, ni pour pomper l'eau, ni pour insuffler de l'oxygène. De plus, il n'y a aucune production de boues. En revanche, les bassins accueillant les

55. Syndicat interdépartemental pour l'assainissement de l'agglomération parisienne.

roseaux doivent être bien dimensionnés et doivent pouvoir filtrer l'eau en profondeur, avec plusieurs couches de sables de calibres différents et un dispositif de canalisations de drainage.

L'eau à épurer doit être envoyée dans les bassins par bâchées, c'est-à-dire de manière discontinue, avec rotation des bâchées vers différentes sous-parcelles du bassin. Ce qui suppose une tuyauterie de surface importante et une gestion précise. Le rendement épuratoire est excellent et les coûts d'exploitation sont modestes, d'où l'essor de ces petites stations « naturelles », mais on ne peut plus techniques. Leur apparence est séduisante : on ne voit que des roseaux verts, fleurissant au printemps. Le jardin remplace « l'usine ».

Plus septique

Certaines habitations isolées ne peuvent pas être raccordées à un réseau d'égouts. On peut estimer qu'ainsi 4 millions de logements, soit 10 millions d'habitants, ne seront jamais raccordés à un réseau collectif[56] en France.

Il convient alors d'envisager un assainissement individuel autorisé, sous conditions. Les fosses septiques ont pour premier rôle de retenir les matières solides et les déchets flottants. Elles épurent peu : en effet, en l'absence d'oxygène, les fermentations anaérobies permettent d'éliminer seulement 30 % des matières orga-

56. Source : Raphael Eyl-Mazzega, stagiaire Onema (Office national de l'eau et des milieux aquatiques), septembre 2009.

niques avec dégagement de gaz comme le méthane ou l'hydrogène sulfuré. D'où la nécessité de mettre en place des tubes d'évacuation de ces gaz. En outre, il est indispensable de mettre à l'aval de la fosse septique :

– soit un épurateur individuel dont les lits bactériens vont permettre, comme dans les usines classiques, l'oxydation de la DBO,

– soit un réseau de canalisations enterrées non jointives disposées à une profondeur d'un mètre environ, sur lit de sable, pour une épuration par les bactéries naturellement présentes dans le sol. Mais la surface de terrain nécessaire est d'au moins 1000 m^2. Lorsque c'est le cas, ce dispositif est efficace et ne nécessite aucun entretien pendant des décennies. Le « puits perdu » vertical, rempli de cailloux ou autre, est interdit, car la pollution va directement à la nappe phréatique.

En France, la loi oblige les collectivités locales à mettre en place un service de contrôle des systèmes d'assainissement non collectif.

Paris : un très long chemin vers la propreté

Au XVIe siècle déjà, la pollution des eaux de la Seine était l'objet de nombreux commentaires. Au début de la Troisième République, alors que l'agglomération comptait deux millions d'habitants, le déversement des eaux usées privait la Seine d'oxygène sur 40 kilomètres en aval. Aucun poisson n'y survivait. On disait même en boutade que l'eau de la Seine était tellement sale que les microbes ne pouvaient pas y vivre. Seule l'arrivée des eaux de l'Oise permettait de diluer les polluants. En 1940, la mise en service de la station d'Achères n'a pas suffi à améliorer la situation car la population, et avec elle les eaux polluées, avait plus que doublé. En 1969, l'agglomération atteignait 10 millions d'habitants, la Seine était toujours sous-oxygénée, donc sans poissons, plus de 100 kilomètres après Paris. L'égout, c'était d'abord le fleuve.

Grâce à de gros investissements, les choses commencent alors à s'améliorer. Plus de 3,5 milliards d'euros vont être investis sur les sites de Seine amont à Valenton (94), Seine Centre à Colombes (92) et Seine aval aux Grésillons (78). Dans le même temps sont modernisées les stations d'Achères. Le volume d'eaux usées à traiter était passé de 50 millions de m^3 en 1900 à plus de un milliard de m^3 par an en 2000. En 2007, pour la première fois de l'histoire de Paris, l'achèvement de Valenton II et des Grésillons donne à la métropole une capacité de traitement supérieure à la demande. Le progrès a été spectaculaire. Le retour des poissons ne s'est pas fait attendre. Entre 1994 et 2006, le nombre d'espèces présentes dans la Seine est passé de 15 à 30. On peut donc reconstituer un milieu « naturel » après une situation dégradée pendant plusieurs siècles.

L'inquiétante perfection

Si ces progrès sont heureux, si la loi sur l'eau et les milieux aquatiques dite « LEMA », du 30 décembre 2006, est utile, Bruxelles envisage une directive-cadre en 2015 pour durcir les normes. On voit alors poindre le risque de « surqualité » inutile pour les milieux naturels, et ruineuse pour les usagers. Comme la chimie analytique n'a cessé de progresser, on peut trouver des traces de certains médicaments[57] et de caféine[58] dans les effluents en sortie de station. Ces molécules n'ont jamais été trouvées dans l'eau potable distribuée en France. De plus, au-delà du mille milliardième de gramme[59] par gramme d'une molécule qui serait dangereuse à plus haute dose, il n'y a, en règle générale, aucun danger. Nous n'ignorons rien des débats de la communauté scientifique et médicale sur les « petites » doses – il faudrait dire « infimes » –, mais, là encore, la pureté précautionneuse est, sauf démonstration directe du contraire, inutile et très onéreuse.

Et dans les villes des pays pauvres... on attend

Si le traitement approprié des eaux usées de Paris est récent, la priorité des priorités dans toutes les villes

57. Selon une étude de l'Anses, Agence nationale de la sécurité sanitaire de l'alimentation, de l'environnement et du travail, lancée en septembre 2009, ont été retrouvées dans 5 % des échantillons seulement, en sortie d'usine d'épuration, des traces de caféine, de carbamazépine, un antiépileptique, et d'oxazépam, un anxiolytique. Les doses en sortie de station d'épuration sont toujours de 1 000 à un million de fois inférieures aux doses utilisées dans le cadre d'un traitement. Elles sont diluées puis biodégradées par le milieu naturel.

58. Qui songe, pour autant, à interdire le café, dont le caractère cancérigène est, par ailleurs, bien connu, mais dont l'impact (surtout à ces doses) sur le déclenchement des cancers chez l'homme n'a jamais été prouvé ?

59. C'est le picogramme qui peut s'écrire 10^{-12} gramme.

de la planète demeure, dans l'ordre, l'eau potable, puis l'assainissement pluvial, notamment dans les pays tropicaux humides, puis un réseau d'assainissement complet. Cet ordre est important, car il est dicté par des impératifs politiques, sanitaires et techniques. Le développement de l'assainissement se fera progressivement, y compris dans les grandes villes des pays les plus pauvres, puis dans les villes moyennes et petites, avec les mêmes techniques éprouvées, que ce soit pour les réseaux d'égouts ou les usines d'épuration. Il nous a fallu pour cela cent cinquante ans en Europe.

8

Inondations

Le danger c'est toujours l'excès, et, à tout prendre, choisissez la sécheresse !

La force dévastatrice de l'eau

L'eau est à l'origine de catastrophes dues (presque) toujours à l'excès et non au manque. Les crues demeurent l'un des fléaux de l'humanité. Depuis la nuit des temps, elles détruisent les habitations construites au bord des rives, ravinent les berges et jettent, après leur passage, la désolation. Elles ont fait, et font toujours, plus de morts et de blessés que les tremblements de terre ou les volcans, spectaculaires et télégéniques mais moins dévastateurs. En revanche, chaque jour, il y a sur la planète, quelque part, une ou plusieurs crues. Or l'homme demeure impuissant pour endiguer la force de milliards de mètres cubes qui dévalent. Les marins savent que, même très hautes, les vagues ne sont pas dangereuses tant qu'elles ne déferlent pas car elles passent alors sous le bateau ; en revanche, quand elles déferlent, leur force est incroyable parce qu'un mètre cube d'eau pèse une tonne qui peut tordre en un seul passage le plus solide des aciers ! Il en est ainsi des torrents, rivières et fleuves en période de crue quand se forment des «ressauts hydrauliques» ravageurs, l'équivalent des vagues déferlantes.

Pendant l'été 2010, au Pakistan, la crue de l'Indus a fait la une de la presse mondiale, des milliers de morts et 20 millions de victimes devenues personnes déplacées qui ont tout perdu. Trois millions d'hectares de récoltes ont été anéantis. Les images ont tenu quelques jours, le drame demeure. Comme il s'agit du quart du Pakistan (soit l'équivalent du tiers de la France), son ampleur est telle que les pouvoirs publics sont dans l'incapacité d'apporter une aide significative. Après Katrina, le pays le plus riche du monde a été incapable de venir en aide à la région de La Nouvelle-Orléans. Six ans après, la ville en porte encore de profonds stigmates, le quart de la population n'est toujours pas revenu. Quand elles ont été reconstruites, les routes l'ont été à l'identique : quatre mètres sous le niveau du Mississippi! En revanche, les raffineries de pétrole fonctionnent toujours à plein régime, à moins d'un kilomètre du centre-ville.

Plus près de nous, les violentes pluies qui se sont abattues sur le département du Var le 16 juin 2010 ont semé la désolation à Draguignan. On a dénombré 25 morts. Les rivières comme la Nartuby ou le Gapeau, dont le bassin versant est inférieur à 100 km^2, ont été incapables d'absorber des pluies de 100 mm en moyenne pour la région mais qui atteignirent par endroit 400 mm en vingt-quatre heures!

Que peut-on faire pour lutter contre les inondations? Prévenir? Comment? Doit-on se résigner à organiser les secours? Nous verrons, dans les lignes qui suivent, que la pensée commune donne au mieux des réponses approximatives, souvent contradictoires, parfois fausses. Bon sens et bons sentiments ne suffisent pas. Mieux connaître les crues, les volumes et les débits en jeu, les mécanismes de leur propagation, est indispensable pour tenter de les maîtriser, au moins partiellement.

Faute et fatalité

Depuis toujours, l'homme cherche une raison à ces drames et des boucs émissaires, sinon des « responsables ». Ce furent les dieux et leur colère. Quand les eaux se retirèrent, l'arche de Noé, dit la Bible, s'échoua à 5000 mètres d'altitude sur le mont Ararat, là où prennent leurs sources le Tigre et l'Euphrate. Et, si le Déluge est un mythe, la précision géographique du texte est cohérente avec l'événement historique qui l'a inspiré. Noé sauve l'humanité et tout le monde vivant, car l'Homme avait péché. La colère de Dieu, décrite dans la Genèse au chapitre 6, ne laisse aucune ambiguïté : « Le Seigneur vit que la méchanceté de l'homme se multipliait sur la terre : à longueur de journée, son cœur n'était porté qu'à concevoir le mal et le Seigneur se repentit d'avoir fait l'homme sur la terre. Il s'en affligea et dit "J'effacerai de la surface du sol l'homme que j'ai créé, homme, bestiaux, petites bêtes et même les oiseaux du ciel, car je me repens de les avoir faits." »

Est-on plus rationnel lorsque l'on accuse pêle-mêle la déforestation, la « bétonisation », la culture intensive, la pollution, le remembrement, le reboisement en résineux ou l'urbanisation en zones inondables ? N'est-ce pas parce que le péché contemporain est devenu le « mal » écologique, parce que l'homme a tenté de maîtriser à son profit les forces de la nature ? Il est « naturel » qu'elle se venge et qu'il soit puni.

Nos ancêtres recherchaient des explications métaphysiques, les spécialistes – hydrologues, géographes, météorologues, ingénieurs – cherchent à mieux comprendre ces phénomènes, l'opinion se contente, le plus souvent, de « coupables » et d'explications politiques. Persuadé de pouvoir être protégé de tout, l'homme ne conçoit ni le hasard, ni la force des éléments dont, il est vrai, le progrès l'a protégé sans qu'il en ait eu conscience. Mais qu'en est-il ?

Il y a crues et crues

Les crues torrentielles sont brèves, violentes et peu prévisibles

Alors que la rivière se forme, le plus souvent en zone montagneuse, son bassin versant est encore petit (entre 10 et 1000 km^2). La rivière ou le torrent ont donc alors une forte pente. A l'occasion d'une pluie décennale ou centennale, l'eau se met à couler à des vitesses élevées, jusqu'à 10 m^3/s ; si elle déborde, rien ne résiste : routes, ponts, habitations, voitures, terrains de camping... Ces crues sont courtes : quelques heures. Elles représentent de faibles volumes d'eau malgré l'intensité des pointes de débit. De ce fait, un peu plus en aval dans le bassin versant, l'événement n'a le plus souvent pas ou peu d'impact sur l'écoulement habituel des eaux.

Ainsi, la destruction de deux terrains de camping, en bordure de torrent, un emplacement *a priori* idéal pour la baignade et la beauté du site, aura entraîné la mort de 21 personnes au Grand-Bornand, en Savoie, le 14 juillet 1987 et 37 personnes à Vaison-la-Romaine dans le Vaucluse, le 22 septembre 1992. Plus récemment, les 8 et 9 septembre 2002, le département du Gard a été durement touché par des pluies intenses. Des valeurs de précipitations exceptionnelles ont été relevées, comme par exemple 687 mm à Anduze et même jusqu'à 713 mm à Cardet, au sud d'Alès, une valeur correspondant à la moyenne annuelle, et cela en vingt-quatre heures à peine. On a déploré 23 morts à la suite de cet épisode de crue « cévenole », notamment à Sommières. Des pluies de très forte intensité sont en effet tombées sur des terrains caillouteux, arides et pentus. L'infiltration a été quasi nulle, le coefficient de ruissellement de crue était de 100 %.

Météo France est encore incapable de prédire l'endroit précis d'une pluie catastrophique et son intensité, même si la « vigilance », orange ou rouge, a été instaurée. Le déclenchement d'alerte est encore à cet échelon pratiquement impossible, les délais sont très courts et le phénomène local est aléatoire.

Les crues fluviales sont d'une autre nature : progressives, longues, mais aussi dévastatrices

A l'aval de grands bassins versants, les rivières ou fleuves présentent de faibles pentes. La vitesse de l'eau se ralentit : entre 2 et 5 m^3/s. Comme la pluie en amont a été à la fois intense et longue, elle envoie vers l'aval un débit supérieur à celui que la section de la rivière peut évacuer. Les lits des rivières sont analogues à des canaux à ciel ouvert formés par l'érosion des crues habituelles. Quand des crues exceptionnelles arrivent, le lit n'est plus assez grand et la rivière déborde. La crue de Paris en janvier 1910 est le modèle de la crue fluviale car elle ne fut pas violente même si elle fut dévastatrice. La Seine est sortie de son lit et s'est déversée dans les rues de Paris.

La Seine en 1910

Que s'est-il passé cette année-là? Deux trains de pluies, assez forts mais non exceptionnels, se sont succédé sur le haut bassin de la Seine à cinq jours d'intervalle en des sous-bassins différents. Le déphasage qui existe à Paris, entre les flux provenant des affluents à transit rapide, car pentus – l'Yonne, le Morin et le Loing – et des affluents à transit lent – la Marne et la haute vallée de la Seine – est précisément de cinq jours : le débit de la Marne, gonflée par les premières pluies, a rencontré, juste à l'amont de Paris, le débit de l'Yonne gonflée par les secondes, provoquant un phénomène de fréquence centennale. Les pluies n'ont pas été diluviennes, mais la coïncidence de deux pluies à cinq jours d'écart sur des affluents à régimes différents a gonflé les eaux. Un décalage de dix jours n'aurait entraîné aucune crue. De même, si la première séquence de pluies avait eu lieu sur l'Yonne, l'eau se serait très vite écoulée et la seconde séquence venue de la haute Seine et la Marne aurait suivi derrière, dans une Seine déjà dégagée de la crue en provenance du Morvan. Comme souvent, c'est la séquence peu probable d'événements normaux qui crée la catastrophe.

La Seine est une rivière lente, elle ne descend que de 25 mètres entre Paris et son embouchure; sa vitesse, même en crue, reste faible. Comme la section d'écoulement, notamment sous les ponts, est intangible, quand l'eau monte, à partir d'un certain niveau, elle déborde. Ce fut le cas à Paris en 1910 : le lit ne pouvait pas faire couler les 2350 m^3/s de la crue. Dans ce cas, les dégâts ne sont pas dus à la vitesse du courant, mais à la submersion durable d'habitations et de rues. La présence d'un mètre d'eau, voire plus, dans les maisons, les administrations, les boutiques ou le métro n'est jamais bienvenue, d'autant que les égouts se mettent alors à fonctionner à l'envers et refoulent l'eau de la rivière vers l'intérieur de la ville ! Par ailleurs, comme c'était encore le cas à l'époque, les maisons de mauvaise qualité, en terre, se transforment en boue et s'effondrent sur leurs habitants. Ce fut le cas à Lyon au XIXe siècle, notamment lors de la crue de 1856. On observe le même phénomène aujourd'hui dans les villes des pays tropicaux. Une inondation, même de courte durée, est un drame, toujours, partout : animaux qu'il faut évacuer, caves et rez-de-chaussée inondés, véhicules et appareils électriques détruits.

Quand les pluies produisent des crues

Insistons sur les conséquences d'un truisme : si l'eau monte, c'est parce qu'il pleut quelque part dans le bassin de la rivière. Toutes les crues ont pour origine une ou des pluies de fréquence exceptionnelle, décennale pour les crues modestes, centennales ou millénales pour les plus graves d'entre elles. Des pluies de 100 mm ou de 200 mm sont assez fréquemment observées en France. On aurait même observé en un seul jour 792 mm de pluie près de Joyeuse, en Ardèche, en octobre 1827. L'averse terrifiante, dite « de Thrall », dans le Texas central, déversa en dix-huit heures 250 mm sur un bassin versant de 29 500 km^2, les 9 et 10 septembre 1921. En octobre 1951, une station de la Calabre, en Italie, aurait reçu 1 495 mm. A la Réunion, on aurait également observé des précipitations de plus de 1 000 mm par jour. A Ouagadougou, il est tombé 263 mm en moins de douze heures le 1er septembre 2009. La crue centennale est souvent liée à deux crues décennales en un court laps de temps. A partir d'un certain niveau de pluie, l'eau ne s'infiltre plus, elle ruisselle à 100 %. Ce phénomène n'est pas toujours compris, et il mène en conséquence à des conclusions erronées comme de prétendre que l'urbanisation est la cause des inondations.

Une crue exceptionnelle s'explique toujours par le ruissellement induit par la saturation du sol. En temps normal, en dehors des zones urbaines, le sol absorbe les pluies, les plantes pompent l'eau dont elles ont besoin dans la terre, puis la prochaine pluie vient combler le déficit ainsi créé. Mais, assez vite, aucune eau ne peut s'infiltrer, ce que pompent les végétaux devient négligeable par rapport à celle qui tombe, de surcroît, comme l'air est saturé de vapeur d'eau, l'évaporation s'arrête. Ainsi, une lame d'eau commence à recouvrir le sol et, s'il continue de pleuvoir, l'eau tombe sur de l'eau ; elle ruisselle alors en totalité, sans s'infiltrer ni s'évaporer. Tout se passe comme si elle tombait sur une surface imperméable. **En cas de grandes pluies, l'urbanisation n'explique donc rien**[60]. Nul ne s'étonne que, sur les océans ou sur les lacs, le coefficient de ruissellement soit, bien entendu, de 100 %, et que, donc, l'océan soit du « béton » pour l'eau qu'il reçoit, il en est de même d'une prairie détrempée.

En temps « normal », et même pour les pluies de fréquence décennale, la saturation n'est en général pas atteinte. Les éléments « ralentisseurs de crues » jouent leur rôle. Les haies, les forêts, les cultures en courbe de niveau bloquent une partie de l'écoulement, car elles favorisent l'infiltration dans le sol et l'évapotranspiration des plantes. **En cas de pluie exceptionnelle, ces éléments ne jouent plus leur rôle régulateur.** Donc l'argument souvent ressorti ne tient pas : qu'il y

60. Dans le cas de la France, l'ensemble des sols imperméabilisés (toitures des maisons et immeubles, trottoirs, routes revêtues, parcs de stationnement, etc.) couvrent 3 millions d'hectares, soit 5 % du territoire national. Leur impact sur le coefficient de ruissellement est faible en temps normal et nul en période de forte crue. C'est bien moins que les sols rocheux des Alpes au-dessus de 3000 m d'altitude, très imperméables.

ait ou qu'il n'y ait pas de forêt, que les cultures soient traditionnelles, « bio » ou raisonnées, quand l'eau de pluie tombe sur un sol saturé d'eau, 100 % de celle-ci s'écoule. Le phénomène de saturation de tous les sols ou végétaux rend également illusoires les considérations sur l'emploi d'engrais minéraux et sur leurs doses par l'agriculture intensive, qui aggraveraient les crues. Ce lien n'a jamais été démontré, pas plus que l'affirmation que les forêts de résineux seraient moins efficaces que les forêts de feuillus pour retenir l'eau[61].

Des masses considérables

Quand le ruissellement atteint 100 %, les masses d'eau qui s'écoulent deviennent vite considérables. Ainsi, le bassin versant de l'Indus mesure 1 081 000 de km^2 (deux fois la surface de la France), pour une longueur totale de 3 180 km. Son module moyen annuel à l'embouchure est de 4 000 m^3/s, soit 120 milliards de m^3 par an. Le ruissellement intégral de 100 mm de pluies sur la moitié amont du bassin versant, à savoir 500 000 km^2, génère un volume d'eau de 50 milliards de m^3, en quelques jours. Soit la moitié de l'abondance brute annuelle moyenne. L'inondation catastrophique est alors inévitable. Le débit de crue habituel au mois d'août, qui est de 4 000 m^3/s, peut alors passer à dix fois plus, soit 40 000 m^3/s. Le bassin versant amont de l'Indus, au Tibet, puis au Cachemire peut être totalement saturé par une ou des pluies exceptionnelles. Les

61. Contrairement à ce qu'affirme Claude Allègre dans *Ma vérité sur la planète*, Plon/Fayard, 2007.

pentes fortes, les terrains rocheux peu perméables aggravent le phénomène. Le reboisement, les cultures en terrasses, les pratiques culturales, le remembrement, les haies, la présence de villes dans le haut bassin de l'Indus seraient, s'ils existaient, sans impact notable pour lutter contre un phénomène d'une telle ampleur.

Cependant, pour éviter ou limiter des drames de fréquence faible à moyenne, disons décennale ou cinquantenale, l'homme peut intervenir par le reboisement, les cultures en terrasses ou en courbe de niveau, ce qui est déjà une belle victoire. Les auteurs de cet ouvrage y ont d'ailleurs consacré une partie de leur vie professionnelle. Toutefois, ces mesures sont d'une totale inefficacité en cas d'événement extrême.

Le phénomène des crues n'est pas nouveau, des crues spectaculaires ont eu lieu il y a cinquante, cent, cent cinquante ans, voire deux siècles. Notre époque n'a rien d'exceptionnel en la matière. En regardant les débits des grandes crues, on constate aussi que la Seine n'est qu'un petit fleuve, même à l'échelle de la France. Si le débit de la Seine de la crue de 1910 était de 2350 m^3/s, le Rhône à Beaucaire, en novembre 1840, voyait passer 9000 m^3/s, la Loire au Bec d'Allier en 1846 a charrié un débit analogue (9000 m^3/s), quant à la Garonne en juin 1875, son débit était de 7500 m^3/s. Tout cela n'est rien à côté des crues exceptionnelles de l'Ienisseï (120000 m^3/s) ou de la Léna (110000 m^3/s), pour prendre deux exemples russes. Quant à l'Amazone, il peut débiter 300000 m^3/s, soit un milliard de m^3 en cinquante minutes ou 26 milliards de m^3 par jour. Beaucoup, beaucoup d'eau !

L'exemple du Rhône

Plus près de nous, et pour le seul Rhône, le débit de la crue de l'automne 1993 en Camargue a été estimé à 10 000 m³/s. Vers Saint-Gilles, dans le Gard, les digues cèdent en 14 endroits. 13 000 hectares et 450 maisons sont submergés. L'année suivante, en 1994, nouvelles inondations en Camargue ; le débit est estimé à 11 000 m³/s. En deux endroits, les digues cèdent encore. 2 000 hectares sont submergés et 45 maisons inondées.

En 2003, on observe la plus grande crue historique mesurée avec un débit instantané de 13 000 m³ par seconde le 4 décembre à 3 heures du matin à Beaucaire. Les dégâts sont particulièrement dramatiques dans la plaine du Bas-Rhône, au sud de Tarascon. Les digues cèdent au nord d'Arles, et toute l'agglomération construite au nord-est de la cité depuis 1900 est sous les eaux, bloquées au sud et à l'est par les digues du canal du Viguerat. Pour la seule ville d'Arles, la Fédération française des assurances comptabilise plus de 8 000 sinistrés.

Des records qui seront battus

L'eau peut, en cas de crues, monter très haut et inonder des surfaces considérables. Dans les gorges du Yangzi Jiang, l'ancien fleuve Bleu, en Chine, la hauteur des eaux a varié de plus de 60 m. Dans le Douro inférieur, au Portugal, en décembre 1909, les eaux ont monté de plus de 26 m au-dessus de l'étiage. En France, les niveaux records par rapport aux zéros des échelles officielles ont atteint : pour la Garonne 8,32 m à Toulouse et 11,70 m à Agen, pour la Loire, 7,52 m à Tours, pour la Seine 8,60 m au pont d'Austerlitz à Paris, et pour le Rhône 8,30 m en Avignon[62].

La Loire menace ainsi 150000 hectares. Le Rhône peut inonder, à l'aval de Beaucaire, 240000 hectares, mais cela n'est rien à côté du Mississippi qui, à l'aval de Cairo, a submergé, en 1882, neuf millions d'hectares, soit plus que la surface de la Belgique et de la Hollande réunies. Le Yangzi Jiang s'est répandu sur des étendues comparables en 1931 et en 1954 et, en ces circonstances, aurait détruit les habitations de plus de 20 millions de personnes[63]. Pour la seule crue de 1931, on aurait déploré plus de 100000 morts. Rédigé quelques années plus tard, *Le Lotus bleu*, album d'Hergé, montre Tintin sauvant de la noyade le jeune Chinois Tchang. Le Huang Ho, ex-Fleuve Jaune, au nord de la Chine, a été encore plus meurtrier.

Les barrages : seules protections contre les crues exceptionnelles

La construction d'un ou plusieurs barrages, le plus souvent hydroélectriques, en cascade, en amont dans le bassin versant, est la seule réponse technique au risque d'inondations catastrophiques. Elle a prouvé son efficacité. Ces ouvrages peuvent être capables de

62. Source : *Encyclopédie Larousse.*
63. Source : *Encyclopédie Larousse.*

stocker, d'encaisser tout le volume de la crue. En construisant des barrages hydroélectriques, non seulement l'électricité ainsi fabriquée ne rejette pas de dioxyde de carbone, mais encore ils protègent des inondations les habitants de l'aval. La protection contre les crues est un « sous-produit » de la production d'électricité.

Il arrive dans certains cas que des barrages soient construits à seules fins de protection, c'est le cas de Paris. En effet, la ville et son agglomération sont mieux protégées depuis la construction sur la Seine des barrages et lacs du Der et d'Orient, puis, sur l'Aube, ceux du lac d'Amance et du lac d'Auzon-Temple, et enfin, sur l'Yonne, celui du lac de Pannecière. Ces équipements, réalisés dans les années 1970 et 1980, ne suffiraient pas à empêcher une crue type de 1910, mais la fréquence d'une telle catastrophe a été réduite d'un facteur 10 environ. Aucune électricité n'est produite, mais ces lacs artificiels sont équipés pour les activités touristiques. Cela compense-t-il les milliers d'hectares expropriés et les trois villages noyés ?

Les grands travaux chinois

En Chine, le fleuve Yangzi Jiang a toutes les caractéristiques hydrologiques pour être et rester **le fleuve le plus dangereux du monde**. Le plus long fleuve d'Asie, le troisième de la planète, est long de 6000 km. Il prend sa source à plus de 6000 m d'altitude, au Tibet. Les pentes du lit et des rives sont fortes, les montagnes et les gorges sont nombreuses au long de son cours.

Il reçoit 700 affluents à caractéristiques torrentielles. Peu de zones inondables ou de lacs naturels se trouvent en amont, elles ne permettent donc pas de réguler les crues. Par ailleurs, le climat de mousson entraîne chaque année des pluies diluviennes. Les sols de lœss sont alors rapidement saturés. La population rurale et urbaine atteint plus de 300 millions d'habitants dans ce bassin versant de 1 800 000 km^2. Pour nourrir la population, les surfaces cultivées, notamment le riz, ont remplacé la végétation naturelle. Les mégalopoles de Chongjin, Wuhan, Nankin et Shanghai sont riveraines d'un fleuve qui charrie en année normale 1 000 milliards de m^3.

La construction récente du barrage des Trois Gorges a amélioré la situation, sans avoir supprimé le risque de crues catastrophiques. Sa capacité est insuffisante pour être efficace à 100 %. Il ne stocke « que » 34 milliards de m^3, soit moins de 4 % de l'eau charriée à l'embouchure chaque année. Les débits peuvent aujourd'hui encore dépasser 100 000 m^3/s et atteindre en aval une cote de 17 mètres au-dessus du niveau de la plaine. En septembre 1998, avant la construction du barrage, la cote de 29 mètres a été atteinte au centre de Wuhan, causant la mort de milliers de personnes. Néanmoins, il régule les crues moyennes et par ailleurs produit 85 milliards de kWh, l'équivalent de 20 tranches de centrales nucléaires ou de 50 millions de tonnes de charbon par an.

Il facilite la navigation, autrefois redoutée dans ces gorges. Elle était consommatrice d'une main-d'œuvre de halage, bon marché, les « coolies », dont la fatigue et la vie ne pesaient pas lourd. En témoigne l'autobiographie de Lucien Bodard[64] où il décrit ce qu'était la remontée du Yangzi Jiang en bateau pendant les années 1930, alors qu'il accompagnait son père jusqu'à Chengdu, l'autre mégalopole du Sichuan. Il y aura, hélas, encore beaucoup de crues en Chine, même si ce pays s'efforce de lutter contre des éléments d'une particulière violence.

Mais il faut laisser couler les torrents

Il est théoriquement possible de construire des barrages sur de petits bassins versants mais cette solution est peu efficace car ces barrages seraient nécessairement de faibles volumes, sans capacité suffisante d'encaissement ou de laminage des crues. En outre, leur rentabilité hydroélectrique serait quasiment nulle et le coût de protection des habitations en aval trop élevé.

En effet, en dehors de brèves périodes de crue, les débits moyens sont trop faibles. Sous climat méditerranéen, le débit des petits torrents est quasiment nul pendant six mois. Des milliers de villages ou de villes moyennes de France sont ainsi installés au bord de petites rivières. Un pont médiéval, des maisons anciennes donnant directement sur l'eau, de vieux lavoirs croulant aujourd'hui sous les géraniums, une barque attendant les pêcheurs du dimanche... ce tableau bucolique ne doit pas faire illusion, car ces sites sont potentiellement dangereux. Les risques sont précisément connus. Implantés bien avant le principe

64. Lucien Bodard, *Monsieur le consul*, Grasset, 1979.

de précaution, ces villes et villages peuvent subir de graves inondations, demain ou dans deux cents ans. Faut-il les détruire ?

La ville aménagée limite les catastrophes

Plus de 80 % de l'humanité et 80 % des grandes villes sont installées à moins de 100 kilomètres de la mer. Les grandes inondations viennent donc de l'amont des bassins versants, souvent déserts ou peu urbanisés. Ainsi, la crue qui a frappé La Nouvelle-Orléans en 2005 était liée à une crue du Mississippi. Son bassin versant couvre 3200000 km², soit plus de six fois la France. Son débit moyen à l'embouchure est de 20000 m³/s. A la suite de la catastrophe, il n'est venu à l'idée de personne d'accuser l'urbanisation de Saint Louis dans l'Etat du Missouri, ou de Memphis, dans celui du Tennessee, ou de Little Rock en Arkansas. Les Etats-Unis sont le pays le plus urbanisé du monde, mais toutes les villes du bassin du Mississippi ne sont qu'une « goutte d'eau » dont l'impact sur les crues dans le delta est insignifiant.

On peut noter, par ailleurs, que l'urbanisation pavillonnaire, fréquente en France ou dans le monde, recrée un bocage. Chaque parcelle va être entourée d'une clôture, souvent doublée d'une haie. Des pelouses, des aires en gravier ou en terre battue, souvent horizontales, parfois une piscine seront mises en place. Quelques arbres seront plantés dans chaque jardin. Après quelques années, le paysage aura évolué vers une forêt claire, vers un nouveau bocage. L'imperméabilisation due aux toits et aux voies d'accès revêtues sera plus que compensée par le reboisement, le cloisonnement des parcelles, leur établissement en terrasses, etc. Par rapport au champ de blé ou de maïs qui a pu précéder le lotissement, la situation du point de vue du ruissellement est meilleure après l'urbanisation pavillonnaire.

Par ailleurs, dans les centres-ville, les eaux usées sont récupérées par des réseaux d'égout. Ils recréent une forme de perméabilité. Ainsi les grands égouts visitables peuvent stocker de manière dynamique plus d'un mètre cube d'eau par mètre linéaire. Après un orage, le simple remplissage du réseau d'égout peut « laminer » la crue en stockant des milliers, voire des millions de mètres cubes. La perméabilité du terrain naturel, perdue par le bitumage des rues et les toitures, est en partie compensée par la « perméabilité en grand » du réseau d'assainissement. De plus, il faudrait décompter les espaces verts, les cours et jardins privés, les parcs et jardins publics, les arbres d'alignement, les trottoirs ou promenades laissés en terre battue, les rues restées pavées, les fissures dans le goudron. En période de pluie normale, ou de fréquence moyenne, il n'est pas sûr que la ville de Paris ait un impact significatif sur la crue. Les bassins de rétention, chargés précisément d'encaisser les grosses pluies et de retarder leur rejet au milieu naturel, sont devenus obligatoires pour tous les équipements « imperméabilisateurs » : parcs de stationnement, notamment ceux des grandes surfaces, routes, autoroutes, nœuds autoroutiers, zones industrielles. Ces équipements sont efficaces pour diminuer les pointes de crues, pas trop exceptionnelles.

On peut se protéger contre les crues « habituelles »

Si le risque zéro n'existe pas, il est toujours possible de le réduire parfois jusqu'à un facteur 10, ce qui est considérable. Dans un pays comme la France, on peut donc recommander de poursuivre le reboisement[65], de construire des digues et des bassins de rétention, de laisser les lits des rivières les plus larges possible, de les draguer, d'installer auprès des berges des terrains de sport, espaces verts et parkings peu vulnérables à la submersion... On peut aussi conseiller de ne pas acheter une habitation au bord d'une rivière, même petite. Quant aux immeubles, il vaut mieux éviter le rez-de-jardin.

Le développement de la prévention est difficile. C'est une œuvre de longue haleine dont les résultats n'auront qu'un impact faible en cas d'événement exceptionnel, ce qui n'est pas une raison pour ne rien faire. Soulignons ici qu'il faut une constance politique et technique, pendant des décennies, voire des siècles, bien au-delà des échéances électorales. Nous sommes ainsi les bénéficiaires inconscients des travaux colossaux menés au XIXe siècle en matière de reboisement. En France, un gros tiers des zones habitées demeure cependant exposé aux crues, à commencer par Paris, Lyon, Toulouse, Bordeaux, Tours, etc.

On peut aussi protéger les gens, parfois contre leur gré, mais l'expropriation reste difficile, comme on l'a

65. La forêt couvre plus du tiers du territoire national, trois fois plus aujourd'hui qu'il y a deux siècles.

vu lors de la marée de tempête Xynthia qui a frappé les côtes de la Charente-Maritime en février 2010. De zones «noires» en «zones de confiance», Etat, élus locaux et habitants ont changé d'avis au rythme d'une valse à plusieurs temps. La définition d'une zone à risque élevé, dans laquelle il faut démolir, ne sera jamais seulement scientifique. Des marges d'incertitude sur le risque présent ou futur subsistent toujours. Les systèmes d'assurance obligatoire contre les catastrophes naturelles sont par ailleurs une bonne réponse, non pas au risque lui-même, mais à la vulnérabilité des biens et des personnes. Certes, elles ne ressuscitent pas les morts, mais elles permettent de trouver une solution au dilemme des situations où le risque est très faible et les dégâts potentiels très élevés.

Manque d'argent et excès d'eau : le drame des pays pauvres

Dans les pays pauvres ou émergents, la situation demeure dramatique à horizon prévisible. Si le Pakistan est un pays doté d'une forte armée et de la bombe atomique, s'il a une bourgeoisie d'affaires éduquée, des classes moyennes et riches, une urbanisation importante, son développement économique a accru les inégalités. La haute vallée de l'Indus et plus généralement le monde rural ont été délaissés. Comme il existe des sites favorables pour construire des barrages, la soif d'énergie résoudra peut-être un jour ce que la recherche d'un monde plus équitable n'a pas été capable de réaliser. Les cas du Bangladesh et de l'Inde sont similaires. Les ressources en eau colossales de la chaîne himalayenne sont à la fois la chance et la malédiction des pays qui la bordent au sud.

Dans les pays tropicaux qui n'ont pas la richesse et l'expertise de la Chine, les catastrophes à venir seront d'une autre ampleur. L'urbanisation s'y accélère. Elle est anarchique, sans plan directeur, souvent sans eau potable pour la majorité des habitants, sans égouts, sans traitement d'eau et sans barrages de protection contre les crues. Les secours y sont mal organisés en temps normal et le plus souvent inexistants en cas de catastrophe. Fort heureusement, l'Afrique tropicale reste peu vulnérable aux crues. Cela est largement dû à la platitude globale du continent, à l'inexistence de grandes chaînes de montagnes et à l'absence totale de cyclones. Toutefois, des inondations graves ont frappé le Mozambique, le Bénin et le Burkina Faso pendant la dernière décennie. Les risques de crues sont plus élevés en Amérique latine.

À CHOISIR : LE SEC PLUS QUE LE MOUILLÉ

L'excès d'eau tue et tuera de mort violente, beaucoup plus que le manque d'eau. L'eau est une ressource menaçante et il est beaucoup plus facile de lutter contre la sécheresse que contre les inondations. Les crues sont soudaines et violentes ; la sécheresse est lente et progressive. Les crues détruisent les habitations, les réserves de grain et de paille, les hommes et le bétail ; la sécheresse – au pire – les déplace. Les secours sont très difficiles en période de crues, les habitations sont détruites, la famine apparaît, l'eau est polluée, les épidémies se propagent. Il est possible de lutter contre la sécheresse par les façons culturales et les forages.

C'est la présence de l'homme qui transforme l'événement naturel en catastrophe. Qui fait que le risque devient vulnérabilité[66]. L'homme a besoin d'eau, il aime l'eau. Pendant des millénaires, il s'est servi des fleuves comme voies de communication principales. Les habitations, les villages, les villes les bordent. L'urbanisation de l'humanité, pas toujours bien maîtrisée, s'accroît et avec elle, faute d'investissements de protection suffisants, le nombre de personnes et de biens vulnérables.

Mais les rivières sont fraîches et belles, la faune qui y vit est attirante, et ce n'est que très récemment que l'homme a pensé que, s'il était sur terre, c'était simplement pour vivre plus longtemps.

66. Dans les régions sibériennes totalement désertes, les crues annuelles catastrophiques de l'Ob, de l'Ienisseï ou de la Neva, formant des embâcles gigantesques, ne font pas la une, car aucun habitant n'est concerné.

9

Les hommes s'adaptent au manque

L'homme et l'eau en régions arides

Il y a trente-cinq ans, des sécheresses frappèrent les régions sahéliennes et soudaniennes de l'Afrique de l'Ouest. Chacun se souvient encore des images d'enfants faméliques au ventre gonflé, du regard désespéré de leur mère, des carcasses d'animaux morts de soif, séchant au soleil et, de loin en loin, quelques acacias couverts de poussière. Ces régions, autrefois ignorées, faisaient tristement leur entrée dans la médiasphère. Depuis, pour l'opinion, ces pays « sahéliens » seraient irrémédiablement voués à la malédiction des famines, au manque d'eau et à la dégradation irréversible de leur couvert végétal. Quelques rares pays d'Afrique francophone échappent à cet amalgame : en effet, il existe aussi en Afrique des pays équatoriaux forestiers comme la Côte-d'Ivoire ou le Congo. Aux autres, on attache trop souvent l'adjectif de « sahéliens ».

Le « sahel »

Le mot « sahel » est d'origine arabe. Il signifie « bordure », sous-entendu, du désert. Il est utilisé de manière appropriée, comme une région en soi, pour le Sahel tunisien, partie centre-est de la Tunisie dont la capitale est Sousse, région vouée à l'oléiculture à forte densité de population. Toutefois, en Afrique, on appelle communément « sahel » la frange sud du Sahara à partir du 17e degré de latitude nord. La pluviométrie annuelle y augmente d'un millimètre par kilomètre quand on descend vers l'équateur. Le sahel est une bande horizontale de 500 km de large environ où les précipitations varient entre 0 et 500 mm en moyenne annuelle. Elle traverse en écharpe tout le continent, du Sénégal à l'Erythrée, en passant par la Mauritanie, le Mali, le Niger, le Tchad et le Soudan. Il convient de noter que tous ces pays, à l'exception notable de la Mauritanie, présentent, au sud de leur zone de sahel, une zone de savane, beaucoup plus humide, où l'agriculture est possible.

Les animaux permettent aux hommes de vivre en climat aride

Les déserts et leurs marches ne sont pas qu'africains, de tels climats se retrouvent ailleurs. En toute logique, tous les déserts de la planète sont bordés d'espace de transition, on ne passe pas jamais brutalement du très sec au très humide. Ainsi les climats de la planète caractérisés par la même pluviométrie (entre 0 et 500 mm) peuvent être qualifiés, ailleurs aussi, de « sahéliens ». C'est le cas du Far West américain, pays des vachers, pardon, des « cow-boys », également pays de transhumance et d'élevage extensif. Au Maroc, le climat d'Agadir et de l'Anti-Atlas est aussi « sahélien ». De même Beersheba en Israël, avec ses Bédouins, lointains descendants d'Abraham qui y creusa un puits pour ses bêtes, est situé dans une zone de transition, ici avec le désert du Néguev. On pourrait multiplier les exemples en Australie, en Amérique du Sud, en Asie centrale ou en Afrique australe. Les problématiques de développement et de mise en valeur y sont identiques.

Mais revenons en Afrique. La steppe à épineux est le paysage caractéristique du sahel. La végétation de graminées (l'herbe) y est discontinue, abondante au sud elle s'éclaircit lorsqu'on remonte vers le nord. La végétation ligneuse (les arbres) xérophile, c'est-à-dire supportant la sécheresse, est composée d'acacias. L'agriculture y est impossible, sauf exceptions, car les pluies sont insuffisantes, leur arrivée est aléatoire en juin ou juillet, et elles sont concentrées sur les trois mois d'été. Seuls le mil et l'arachide peuvent être cultivés sur des sols sableux faciles à travailler en partie sud, où l'on peut espérer 400 mm de pluie. Barrages ou oasis naturels permettent localement des cultures irriguées à forte valeur ajoutée.

L'élevage est la richesse du sahel. Le climat sec favorise la bonne santé des animaux, et notamment l'absence de maladies parasitaires dont la trypanosomiase animale, un fléau qui sévit plus au sud dans les zones arrosées. Les éleveurs, Peuls ou Touaregs, possèdent de vastes troupeaux de bovins, associés à des chèvres, des moutons, des ânes, des chevaux et des chameaux. Même en cas de faible pluviométrie, l'herbe repousse toujours un peu. Desséchée, elle se conserve sur pied d'une année sur l'autre. Les ruminants y trouvent à se nourrir, la cellulose, sèche ou humide, formant la base de leur alimentation ; un fétu de paille vieux de plusieurs années fait le régal d'une chèvre. L'élevage nomade est moins vulnérable aux aléas climatiques que l'agriculture, notamment lors d'années quinquennales ou décennales sèches.

Les éleveurs nomades voyagent et échangent leurs animaux contre des céréales venant de zones plus humides. A l'heure de travail, la valeur ajoutée est supérieure dans l'élevage extensif que dans l'agriculture. Peuls et Touaregs sont considérés comme « riches » quand on les compare aux paysans qui cultivent en bordure de savane. Bien entendu, l'élevage extensif nécessite de vastes espaces : jusqu'à 10 hectares par tête de gros bétail. La zone sahélienne est peu peuplée. Entre Dakar et le Darfour, les habitants de ce « biome [67] » ne dépassent pas vingt millions d'habitants, soit 2 % de tout le continent africain (un milliard d'habitants), et toute la population des zones de sahel ne représente pas une province du Nigeria.

67. Un biome (du grec *bios* = vie) est un ensemble d'écosystèmes caractéristique d'une aire biogéographique et nommé à partir de la végétation et des espèces animales qui y prédominent et y sont adaptées. Il est l'expression des conditions écologiques du lieu à l'échelle régionale ou continentale : le climat qui induit le sol, les deux induisant eux-mêmes les conditions écologiques auxquelles vont répondre les communautés des plantes et des animaux.

Des progrès tangibles mais le danger d'une surpopulation

Depuis les années 1980, l'Afrique se développe. Le nombre de puits ou de forages a été doublé voire triplé. Thierry Sabine en a financé certains, dans le sillage du Paris-Dakar. Les intéressés n'ont pas oublié. Des routes goudronnées ont été construites, facilitant les échanges vers le sud. La santé des hommes et des animaux a été améliorée par des campagnes de vaccination. La peste bovine qui ravageait les élevages vient d'être éradiquée à l'échelle mondiale, comme l'a été la variole pour les humains. A l'exception du Niger dont la population a plus que quadruplé en un demi-siècle, tous ces facteurs expliquent pourquoi on n'a plus observé de famine dans les zones de sahel depuis les années 1990.

Les sols, sablo-limoneux, ne se dégradent pas car ils ne sont presque jamais cultivés. La faible pluviométrie n'entraîne que peu d'érosion. L'Afrique est le plus plat de tous les continents, et rien ne permet d'affirmer que la végétation herbacée ou ligneuse se dégrade. Le désert recule au Tchad et au Soudan. Des images satellites montrent la remontée vers le nord des pâturages et des acacias. Un climatologue allemand[68] a pu documenter ce constat. Les nomades confirment qu'au sud du Sahara il n'a jamais autant plu. Il semble donc que notre période de réchauffement renforce l'effet des moussons, et l'air chaud se charge de plus d'humidité.

68. Selon un article du *Figaro Magazine* de mai 2010.

Même si ce constat reste à confirmer, il semble aussi qu'il pleut plus qu'auparavant dans les zones de sahel.

La sécheresse : le destin apprivoisé

La sécheresse sous climat sahélien est la caractéristique même de ces régions. Elle y est structurelle, permanente, et durable à horizon prévisible. Par ailleurs, il n'y a pas de réponse technique aux sécheresses conjoncturelles liées aux années quinquennales ou décennales sèches. Il est impossible d'irriguer ou d'arroser, une fois tous les dix ans, 10 millions ou 100 millions d'hectares de steppes. Il n'y a qu'une seule réponse à la sécheresse : le nomadisme, une pratique vieille comme le monde. Avant les satellites et les cartes météorologiques, les Peuls avaient appris à « suivre » les bœufs, et non à les précéder, car les bêtes vont, selon leurs observations, là où se trouvent l'herbe et l'eau. Leurs habitations, faites de branchages, sont mobiles comme celles des Masaï du Kenya. Un troupeau peut faire 20 km par jour, plus de 100 km en une semaine. En années sèches, il faut descendre au sud où habitent les populations sédentaires, pas toujours heureuses de voir passer ces tribus et leur grand troupeau. Aussi, quand la sécheresse dure, il faut abattre des animaux. On commence par les mâles âgés, puis les mâles plus jeunes, puis les vieilles femelles, et on s'efforce de garder le maximum de jeunes femelles, l'avenir du troupeau.

Des aliments concentrés, de la paille, du foin peuvent être achetés au sud. Tout cela est possible si le réseau routier est suffisant car il existe une demande : comme la grande humidité est l'ennemie de l'élevage, les pays du sud, forestiers, sont déficitaires en viande.

Depuis trente ans, les progrès sont sensibles mais ils demeurent insuffisants. Car la démographie est galopante (7,4 enfants par femme au Niger, avec un triste taux de mortalité périnatale de 20 %). Il faut donc continuer à pratiquer des forages, dont le coût n'est « que » de 10 000 euros par forage, somme dérisoire pour les riches Européens, mais montant élevé pour ces populations pauvres dont le revenu journalier est compris entre 1 et 2 euros.

Les techniques modernes de résistivité électrique, peu coûteuses et efficaces, permettent en effet de trouver les nappes ou les aquifères de socle[69]. Même dans le granite, on peut trouver 5 % d'eau, concentrée dans les zones fissurées. Il ne s'agit pas de « nappe » au sens strict mais de vraies ressources d'une eau pure, parfois abondante, présentes dans ces roches dures. En moyenne, une foreuse met quelques heures pour arriver dans l'aquifère, à 60 mètres de profondeur. L'eau jaillit et avec elle le bonheur des populations, et notamment des femmes qui étaient jusque-là, chaque jour, de corvée d'eau. Il faut que les points d'abreuvement soient répartis pour éviter le sur-pâturage ici et le sous-pâturage là. On peut aussi construire des barrages

69. Par opposition aux nappes phréatiques où l'eau est stockée dans des terrains ou des roches sédimentaires horizontales (sable, limon), on appelle « aquifères de socle » des zones fissurées au sein de massifs de roches dures, pleines de sable et d'eau. Les montagnes massives sont des châteaux d'eau, à cause de leurs aquifères de socle, qui alimentent sources et rivières, y compris en été.

pour retenir les crues d'été et créer des périmètres irrigués.

Au-delà de l'accès à l'eau, il convient d'accompagner les peuples de sahel dans un développement économique et social harmonieux, c'est-à-dire désenclaver les villes petites ou moyennes, créer des dispensaires, des écoles, des services vétérinaires et administratifs, développer l'accès à Internet, à l'eau courante, à l'électricité, et organiser la couverture totale pour les téléphones portables. Vivre au sahel n'est plus synonyme de drame et de famine, même si les équilibres restent fragiles. Aujourd'hui, la vraie menace est politique et n'a rien à voir avec le manque d'eau réel ou supposé : c'est la montée d'AQMI (Al Quaïda au Maghreb islamique) qui a anéanti le tourisme à la suite de prises d'otages à répétition, alors que c'était une ressource pour les populations, notamment au Niger et au Mali. Les gouvernements centraux ont perdu leur souveraineté sur le sahel et n'ont pas les moyens de combattre AQMI. Les investissements se sont arrêtés. Le drame ne fait que commencer.

La savane africaine : une nature de plus en plus arrosée

En descendant encore vers le sud, la pluviométrie augmente toujours, même si elle reste répartie entre avril et octobre. Quand elle dépasse 500 mm par an en moyenne annuelle, le paysage change : on passe du sahel à la savane. Les premiers karités (*Butyrospermum Parkii*) ou les premiers nérés (*Parkia biglobosa*) marquent ce passage. La savane est une large bande horizontale, d'environ 1000 km de large, où la pluviométrie est comprise entre 500 mm au nord et 1500 mm au sud. Quand les pluies dépassent 1500 mm, on pénètre dans le domaine de la forêt équatoriale humide.

On conçoit qu'avec une telle variation de la pluviométrie annuelle il y a bien, dans cette savane, différentes zones :

– de 500 à 800 mm, c'est la savane arborée. Les arbres persistants sont épars. On en compte une moyenne de vingt par hectare. Le tapis herbacé est continu, formé de grandes graminées des genres *Andropogon*, *Hyparrhenia* ou *Pennisetum*. Petit mil, sorgho, arachide sont les principales cultures. Manguiers et eucalyptus, espèces non indigènes, y prospèrent.

– de 800 à 1200 mm, on parle de savane boisée ou de savane soudanienne. Le nombre d'arbres par hectare augmente. Apparaissent les palmiers (*Borassus sp*), les baobabs (*Adansonia digitata*), le tremble africain (*Anogeissus leiocarpus*), le caïlcédrat (*Khaya senegalensis*), etc. Le maïs, le coton prennent le relais, avec toujours le mil, le sorgho, le niébé, une espèce de haricot africain.

– de 1200 à 1500 mm, c'est la savane soudano-guinéenne ou forêt claire, caractérisée par deux espèces d'arbres de grande taille : *Isoberlinia doka* et *Daniellia olivieri*. Coton, igname, maïs, riz pluvial ou irrigué, vergers de manguiers et d'anacardiers se plaisent sous ce climat. Le teck (*Tectona grandis*) peut être introduit en reboisement.

Dans toute l'Afrique tropicale, y compris l'Afrique de l'Est, la savane est le paysage dominant. C'est celui des grands parcs animaliers du Kenya, de Tanzanie, du Mozambique ou de l'Afrique du Sud. La savane est le principal paysage des pays francophones de l'Afrique de l'Ouest. Dans ce vaste ensemble régional, sont concentrés 80 % des populations. Car la forêt est sous-peuplée, comme l'est le désert.

A l'exception notable de Nouakchott en Mauritanie, toutes les capitales des Etats francophones concernés sont en savane : Dakar, Bamako, Ouagadougou, Niamey, Ndjamena. Le nombre d'habitants de la zone peut être estimé à 150 millions d'habitants. Les régions de savane, en fort développement économique et social, apprennent à gérer les quelques épisodes de sécheresse, grâce aux stockages de secours, au développement de l'irrigation, aux importations de produits alimentaires, à la pluriactivité des agriculteurs éleveurs, notamment dans l'hébergement, le tourisme et l'artisanat, etc.

LE PIRE N'EST JAMAIS CERTAIN : LA SAVANE SE DÉVELOPPE

René Dumont écrivait, en 1964, un livre qui fit grand bruit : *L'Afrique noire est mal partie*[70]. Il y analysait les points forts et les points faibles de la « difficultueuse »

70. René Dumont, *L'Afrique noire est mal partie*, Seuil, 1964.

savane. Son diagnostic d'agronome était juste, ses préconisations ont été largement suivies, notamment pour le développement de la charrue, de la charrette et de la culture attelée. Avant la période coloniale, les Africains aisés du sud du Sahara montaient à cheval et possédaient des bœufs, mais la roue et la route n'existaient pas, pas plus que la charrue, ni donc le labour avec un animal de trait. Tout était porté sur la tête des femmes ou des esclaves, le long d'étroits chemins piétonniers. Tout était cultivé, sur de petites surfaces, au piochon manuel traditionnel, la « daba ».

Depuis cinquante ans, tous les Etats africains, soutenus par l'aide étrangère, notamment de l'ancienne métropole, ont contribué au développement de la traction attelée par ânes, bœufs ou chevaux. Elle s'est quasiment généralisée dans toute la zone de savane et elle a permis le doublement ou le triplement des rendements à l'hectare pour le mil, le sorgho, le coton, les haricots, l'arachide, etc. Car la multiplication des sarclages reste le meilleur moyen de lutte contre la sécheresse. Ce sont les mauvaises herbes qui assèchent les plantes cultivées, en leur « volant » le peu d'eau disponible. Mais la lutte contre les mauvaises herbes est un combat épuisant, s'il doit être purement manuel. Avec l'usage des désherbants de synthèse, les tout premiers tracteurs apparaissent depuis une dizaine d'années chez les agriculteurs aisés ou dans les fermes modernes de la bourgeoisie montante, la catégorie socioprofessionnelle qui est la fois cause et conséquence des taux de croissance économique élevés dans les pays émergents. Couplée avec d'autres actions sur les semences, la lutte contre les mauvaises herbes, les engrais, l'amélioration des circuits de commercialisation, la zone de savane devient le «grenier» de l'Ouest africain. Les déficits de production par rapport à la demande sont de plus en plus rares. Le développement de l'irrigation grâce à la multiplication des petits barrages en terre a permis l'essor du riz, du maraîchage, de la pêche et de la pisciculture. Les vergers, irrigués ou non, produisent mangues, anacardes (noix de cajou), bananes, papayes, etc. L'intensification permet de limiter la consommation d'espace, les nouveaux défrichements. Elle permet donc de garder des zones de «brousse», classées ou non, favorables à la biodiversité et au maintien des animaux et végétaux naturels. Des forêts de production, pour le bois d'œuvre et le bois de feu, ont été plantées un peu partout en utilisant des espèces exotiques, résistantes à la sécheresse (eucalyptus, *Azadirachta indica* ou «neems», gmélinas, tecks, cassias, etc.). Ces forêts sont traitées en taillis, avec vigoureuse repousse des souches qui permet une récolte tous les trois ou quatre ans. **L'exploitation forestière est le remède et non la cause de la déforestation!**

La famine s'éloigne et il n'y a pas d'«engrenage de la désertification», bien au contraire. Tout n'est pas réglé pour autant. Une année sur dix, la pluviométrie est insuffisante et la disette peut survenir, comme c'est le cas pour toutes les agricultures pluviales du monde. Les routes restent insuffisantes. Les écoles ne permettent de scolariser que 50 % des enfants. On attend presque partout l'électricité, même intermittente. En milieu rural, l'assainissement se fait par latrines individuelles, sans eau. Elles sont vidangées de temps en temps pour être épandues sur les cultures maraîchères. L'assainissement collectif, qu'il soit pluvial ou pour les eaux domestiques, est, pour l'instant, une vue de l'esprit quand chaque femme parvient à tirer à peine 10 litres d'eau par jour et par personne, et quand les pompes existent. Après usage, les eaux sales, en quantité modeste, arrosent le manguier de la cour. Les petits villages traditionnels ont gardé leur structure, sans rues, et donc sans urbanisme. Les cases sont en terre et en paille, sauf celles des riches. Le terrain n'est pas loti. Or, ici comme ailleurs, le cadastre est un préalable à l'exercice d'un droit de propriété juridiquement solide pour construire en dur sur une parcelle, pour l'ouverture de voiries et de réseaux d'électricité ou d'eau potable.

La priorité, c'est d'être branché

Bien avant l'assainissement, **l'urgence c'est l'électricité**! Pour s'éclairer le soir dès 18 heures, réviser ses leçons pour les élèves, corriger ses copies pour l'instituteur, brancher un ventilateur, recharger son téléphone portable, boire une bière fraîche chez soi ou au cabaret, avoir un frigo et un congélateur pour conserver les aliments (et les médicaments et vaccins au dispensaire), accoucher au même dispensaire avec un tube néon, et pas à la bougie, développer un artisanat du bois, du fer et de la construction, créer des ateliers de couture, réparer les voitures et leurs pneus, ouvrir des bars, restaurants, auberges ou hôtels, avoir un ordinateur, écrire, imprimer. La vraie misère du XXIe siècle, c'est l'absence d'électricité.

L'EAU POTABLE DANS LES VILLES DE L'AFRIQUE DE L'OUEST

En matière d'eau potable, la situation est plutôt bonne dans les zones loties des grandes villes. Les économies d'échelle, en ville dense, permettent de distribuer l'eau de manière plus économique qu'en milieu rural. Les investissements par famille desservie sont inférieurs. Le traitement de l'eau est peu coûteux, les technologies à mettre en œuvre sont fiables et simples : floculation, filtration avec du sable et/ou charbon actif, et chloration, exactement comme en Europe. La distribution de l'eau suppose un réseau « classique » avec des châteaux d'eau ou des réservoirs sur collines. Il y a de temps et temps des pannes, liées notamment au manque d'électricité, mais les habitants ont l'habitude et disposent toujours d'un stock de sécurité dans la cour, un fût de 200 litres, par exemple. Trop chlorée par les autorités compétentes, l'eau n'a pas très bon goût, mais elle est désinfectée, potable, et demeure la priorité des priorités, la moins coûteuse et la plus efficace en termes de santé publique. Le développement de maladies liées à l'eau n'a pas pour origine les grands réseaux modernes d'eau potable, c'est très précisément l'inverse.

En revanche, le bât blesse dans les zones non loties, les « favelas » ou autres zones d'habitat spontané, présentes partout du fait de la forte croissance urbaine, elle-même liée à une forte croissance économique et démographique. A moins d'être voisin d'un forage, on achète l'eau à des porteurs d'eau, comme à Paris au début du XIXe siècle. Elle est alors chère et douteuse. Tout manque à ces migrants de fraîche date dans ces banlieues non loties des villes du Sud : l'eau, l'électricité, l'école, les transports en commun, les rues, les égouts... On attend un Emile Zola ou un Victor Hugo pour décrire la vie de ces misérables, trop contemporains.

Ces villes s'étendent, il faudrait les « densifier », mais pour cela construire en hauteur. Cela se fait dans certains pays du Sud, à commencer par la Chine et l'Inde, mais encore peu en Afrique.

L'assainissement dans les villes de l'Afrique tropicale : presque tout reste à faire

Nous avons déjà montré comment on pouvait traiter des eaux usées mais, malheureusement, pour les pays du Sud, ce n'est que trop rarement une réalité.

A part les très grandes villes de ce qui était alors l'Union française, comme Dakar ou Abidjan, les autres agglomérations n'étaient que de gros bourgs pauvres, le plus souvent sans eau, sans électricité, sans assainissement et sans routes goudronnées, au moment de l'indépendance donnée par de Gaulle à tous les pays de l'Afrique-Occidentale française (A-OF) et de l'Afrique-Equatoriale française (A-EF) en 1960.

Dans les années 1920, l'obsession de l'administrateur colonial a été le réseau routier, mais les routes et rues étaient en latérite rouge compactée, or ce matériau, aussi facilement disponible que bon marché, a trois défauts : il se transforme en boue en saison des pluies, il fait beaucoup de poussière en saison sèche, et le roulement automobile entraîne la formation de tôle ondulée. Par ailleurs, les bas-fonds et zones inondables sont fréquents, d'où la nécessité de surélever la route ou la rue par rapport au terrain naturel. Comme les pluies peuvent être aussi soudaines qu'abondantes, les ingénieurs de l'époque généralisèrent la création de caniveaux ouverts de section carrée de chaque côté de la rue, dans les centres-ville et les quartiers très résidentiels. L'assainissement pluvial était privilégié et l'emportait sur l'éventuel confort des piétons tant les trottoirs, quand ils existaient, étaient difficiles d'accès. Il fallait évacuer l'eau pour drainer et stabiliser la chaussée. Et, accessoirement, accueillir les eaux grises et éviter qu'elles ne stagnent pour empêcher que prolifèrent les moustiques vecteurs du paludisme et le vibrion cholérique. Mais, en pratique, ces caniveaux s'obstruent vite, les pluies y entraînant les ordures ménagères déchargées dans la rue, en l'absence de services de collecte. Les services municipaux peinent à les conserver en état de bon fonctionnement, faute de moyens.

Aujourd'hui, les réseaux à ciel ouvert, et exceptionnellement souterrains, se sont étendus avec la croissance des centres-ville et des quartiers résidentiels. Mais partout ailleurs, il n'existe aucun caniveau, même à ciel ouvert. La voirie latéritique est dégradée, cahoteuse, vulnérable aux flaques et à la poussière. L'habitation pavillonnaire restant très largement dominante, les eaux grises, venant des douches ou de la cuisine, sont évacuées vers un puits perdu dans la cour. Les eaux vannes en provenance des WC sont récupérées dans une fosse, vidangée de temps en temps par une entreprise publique ou privée spécialisée. Une ville comme Ouagadougou au Burkina Faso s'étale sur 25000 hectares, pour sa partie lotie, soit deux fois et demie la ville de Paris intra-muros, pour 1,5 million d'habitants. Les voiries dotées de caniveaux ne représentent pas 10 % du total. De milliards d'euros ne suffiraient pas pour revêtir les 1000 kilomètres de rues ou avenues diverses, les doter de caniveaux, ou, *a fortiori*, d'égouts souterrains. Ne rêvons pas d'épuration ! La poussière, la boue et l'absence d'assainissement collectif ont encore des décennies devant elles. Sans parler des zones non loties qui formeront d'ici à quelques années une auréole de 50000 hectares pour la seule capitale du Burkina.

Il aura fallu deux cents ans aux grandes villes européennes pour accéder à des voiries et à des systèmes d'assainissement pluvial et domestique confortables et efficaces. En faudra-t-il autant pour les villes des pays les moins avancés ? Cela pourrait aller plus vite, car leurs taux de croissance économique potentiels (entre 5 et 10 %) sont sans commune mesure avec celui de la France (moins de 1 % de croissance de 1800 à 1950).

Malgré ces handicaps, les indicateurs socio-médicaux, comme l'espérance de vie à tout âge, la baisse de la mortalité périnatale et celle des maladies liées à l'eau, s'améliorent. Avec 3 % par an, la croissance de la population bat des records mondiaux : six enfants en moyenne par femme, dont cinq survivront jusqu'à l'âge adulte. Si l'on écarte la mortalité infantile, l'espérance de vie des survivants à cinq ans dépasse 70 ans en Afrique tropicale. Les moins de 15 ans représentent 50 % de la population, et la stature des adolescents et des jeunes adultes ne cesse de croître, signal d'une enfance sans carence ou maladie graves. Les défis à relever ne proviennent pas de l'absence d'eau brute, mais de sa potabilisation, de l'accès facile et rapproché à cette eau potable, de son paiement par l'usager à son prix de revient, de la maîtrise de l'entretien des réseaux. Les défis proviennent aussi de la difficile et coûteuse création d'un assainissement pluvial et domestique, qui supposent tous deux la mise en place de voiries revêtues. La pollution organique, dont la biodégradation est heureusement facilitée par la chaleur et les ultraviolets émis par un soleil généreux, a pour origine l'impossibilité de bénéficier des techniques contemporaines pour des raisons économiques et financières. Les problèmes sanitaires et écologiques viennent de la pauvreté, pas des techniques de génie urbain à mettre en œuvre, bien connues et efficaces.

10

Drames écologiques

Les hommes jouent parfois aux apprentis sorciers

Un des arguments, ou plutôt une des images qui laissent à penser que la terre va manquer d'eau provient de l'assèchement de la mer d'Aral. A la suite de nombreux reportages télévisés, chacun a pu voir ces bateaux sur le sable, carcasses inutiles et pataudes à jamais abandonnées. Seraient-elles un signe avant-coureur d'une inquiétante évolution ? Il se trouve qu'il ne s'agit que d'une des tristes exceptions d'un prélèvement abusif des ressources naturelles.

En effet, la majorité des fleuves de la planète débouchent dans la mer. Une réduction temporaire ou durable de leur débit n'a pas d'impact sur le niveau des océans, insensible aux consommations humaines et à l'irrigation qui ne consomme « que » 3000 milliards de m^3 environ. Toutefois, dans quatre cas particuliers, et quatre seulement sur la planète Terre, les fleuves débouchent sur un lac ou une « mer » sans que celle-ci communique avec l'océan. On parle alors de plans d'eau « endoréiques ». Il s'agit de la mer d'Aral, de la mer Morte, du lac Tchad et du lac Balkhach. Pour les trois premiers, leur niveau a fortement baissé, car l'homme a utilisé pour l'irrigation l'eau des rivières et des fleuves qui les alimentaient. L'effet est d'autant plus lourd de conséquences que ces quatre plans d'eau sont situés en zones arides, semi-désertiques; l'évaporation y est importante, jusqu'à deux mètres par an. En outre, comme les apports de leurs rivières décroît, l'équilibre écologique est perturbé. Certes, un nouvel équilibre pourrait être trouvé si les prélèvements, notamment pour l'irrigation, cessaient de croître. Dans le cas contraire, le risque d'assèchement intégral n'est pas à exclure. Mais reprenons l'analyse de ces quatre cas, aussi spécifiques que parlants.

La mer d'Aral

La mer d'Aral est une mer fermée d'Asie centrale. Partagée entre le Kazakhstan au nord et l'Ouzbékistan au sud, elle est alimentée par deux fleuves : l'Amou-Daria et le Syr-Daria. En 1960, elle couvrait 68 000 km² et était, à l'époque, la quatrième surface d'eau salée intérieure du monde. En 2000, cette superficie était divisée par deux. Cet assèchement, dû au détournement de deux des principaux fleuves, résulte des choix productivistes du régime soviétique en matière d'agriculture.

L'assèchement de cette mer fut planifié dès 1918 par le régime issu de la révolution d'Octobre. Au début des années 1960, les économistes de l'URSS décidèrent en effet d'intensifier la culture du coton en Ouzbékistan et au Kazakhstan. Grâce à la construction du canal du Karakoum, les fleuves Amou-

Daria et Syr-Daria furent détournés. Le débit des fleuves a alors rapidement décru et la mer a baissé de 20 à 60 cm par an. Ainsi, en quarante ans, ce lac a perdu 50 % de sa surface, sa profondeur s'est réduite de 14 m, et son volume de 60 % ! Toutefois cette évolution ne s'est malheureusement pas arrêtée au début de ce XXIe siècle : en 2005, c'étaient les trois quarts de la superficie initiale qui avaient disparu. En outre, la salinité moyenne de l'eau s'est accrue, ce qui a tué quasiment toute forme de vie; de nombreuses espèces de poissons se sont en effet éteintes.

Cependant, rappelons que l'irrigation du coton a fourni des dizaines de milliers d'emplois aux Ouzbeks et aux Kazakhs, et a contribué à élever le niveau de vie de populations pauvres.

Les tentatives de restauration

Pour éviter un assèchement total, de multiples projets ont été imaginés, dont le creusement d'un canal depuis la mer Caspienne ou le détournement des fleuves de Sibérie. Ces projets se sont révélés utopiques. La séparation entre *Petite mer* (Maloïé) au nord, au Kazakhstan, et *Grande mer* (Bolchoïé) au sud, en Ouzbékistan, date de 1989. L'évolution laissait d'ailleurs présager la disparition totale de la seconde, celle du sud, à l'horizon 2025, avant que des travaux d'aménagement ne soient opérés. En 2007, on constate, enfin, que le niveau de la petite mer d'Aral, celle du nord, remonte spectaculairement, plus vite que ne l'espéraient les experts.

Construction d'une première digue : un succès fragile et temporaire

Une première tentative consista à construire une digue au sud de l'embouchure du Syr-Daria, pour barrer un détroit entre la Petite mer et ce qui reste du sud de la Grande mer. Ainsi fut achevée en 1996 une digue de 22 km de long en sable et roseaux, elle permit que les eaux du fleuve ne se perdent pas dans le delta entre Petite et Grande mer et fit remonter le niveau de la Petite mer. Un semblant de vie renaquit autour de la mer, qui avança de plusieurs kilomètres : roseaux, oiseaux, rongeurs et renards, et même quelques poissons. Une tempête détruisit cette digue en 1999. Le niveau de la mer a reperdu partiellement ce qui avait été gagné.

Le barrage de Kokaral

Au Kazakhstan, l'espoir renaît avec les projets du président Noursoultan Nazarbaïev. Grâce au barrage de Kokaral et à la mise en place de digues, il est prévu de rehausser le niveau de la Petite mer de 6 m, ce qui permettrait à l'industrie de la pêche de renaître, et à la ville d'Aralsk de redevenir un port. Ce projet estimé à 120 millions de dollars est financé principalement par les revenus du pétrole du Kazakhstan. Il prévoit également le creusement d'un canal de jonction entre les deux bassins et la construction de nouvelles structures pour exploiter l'énergie hydroélectrique.

Depuis le début des travaux en 2003, la profondeur moyenne de la Petite mer d'Aral est passée de moins de 30 m à 38, le niveau de viabilité étant estimé à 42 m. Alors que les spécialistes de la Banque mondiale, qui a cofinancé le projet, avaient prévu que l'eau ne remonterait pas avant trois ans et que des hydrologues avaient décrété que la mer d'Aral était irrémédiablement perdue, la Petite mer a déjà regagné 30 % de sa superficie, plus de 50000 hectares, ce qui représente un volume de 10 milliards de m^3 d'eau.

Aujourd'hui, la Petite mer d'Aral est probablement sauvée. Mais il n'y a encore aucune raison d'être optimiste pour la Grande mer d'Aral, même si une vanne prévoit de reverser le trop-plein d'eau de la Petite Aral dans la Grande Aral, située en Ouzbékistan.

Le Jourdain et la mer Morte

D'une longueur totale de 360 km, le Jourdain prend sa source dans les montagnes enneigées du Liban, mais le bassin versant du Jourdain est petit, quelques milliers de kilomètres carrés à peine. Il ne représente que la surface d'un ou deux départements français et n'est alimenté que par de faibles pluies, surtout sur sa rive gauche, en Jordanie. Les Israéliens et les Jordaniens doivent donc se partager cette pénurie, car le débit hors prélèvements n'est que de quelque 16 m^3/s, ce qui donne un volume moyen annuel disponible de 500 millions de m^3. Une misère. Jordanie et Israël ont en effet signé un traité de paix et procédé à l'échange d'ambassadeurs. Pour l'instant, l'eau du

Jourdain est partagée sans qu'une « guerre pour l'eau » soit à l'ordre du jour, malgré le conflit israélo-palestinien. On ne déclenche pas une « guerre » pour 16 m^3/s, de quoi irriguer 16000 hectares[71] ! Par ailleurs, le dessalement de l'eau de mer résout le problème de « manque d'eau » d'eau potable dans ces deux pays. Il rend de moins en moins probables les risques d'affrontement pour cette ressource. Nous en avons parlé.

Un projet associant Jordanie et Israël est envisagé. Il s'agirait de pomper l'eau de mer dans le golfe d'Aqaba, puis de la faire descendre par une conduite forcée vers la mer Morte en récupérant l'énergie due à l'importante hauteur de chute, près de 400 m. Ainsi la mer Morte retrouverait progressivement son niveau initial, ou tout au moins ne baisserait plus. Elle pourrait garder ses attraits touristiques ainsi que les industries d'extraction du sel des trois pays riverains. Cela ne résoudra pas le problème de la faiblesse du débit du Jourdain en amont du lac de Tibériade et de la mer Morte. Mais l'utilisation de toute l'eau du Jourdain serait compensée par un maintien de la mer Morte à un niveau décidé par Israël, la Jordanie et la Palestine.

Le lac Tchad

Le lac Tchad est un grand lac africain de faible profondeur, 4 m en moyenne, dont les eaux sont douces, ce qui est rare pour un lac endoréique car le « bouclier

71. Sur la base d'un débit fictif continu de un litre par seconde et par hectare.

africain », essentiellement granitique, ne compte aucune roche salée dans sa géologie. Les fleuves de l'Afrique tropicale ne contiennent pas de sel, même à dose infime. Le lac est partagé entre quatre pays : le Tchad, le Cameroun, le Niger et le Nigeria. Son volume est faible : 70 millions de m^3 environ, soit le volume d'eau que le fleuve Rhône rejette dans la mer en douze heures !

Le bassin hydrographique du lac est de 967 000 km^2, soit 3 % du continent africain. Le principal apport, à hauteur de 90 %, vient du fleuve Chari et de son affluent le Logone, tous deux issus des montagnes de la République centrafricaine. Le Logone traverse les villes de Sahr (ex-Fort-Archambault) et N'Djamena (ex-Fort-Lamy) au Tchad. Son débit moyen est de 1 000 m^3/s à N'Djamena ; soit 30 milliards de m^3 par an. Ce qui est important. Tchad et Cameroun n'ont pas développé de gros réseaux d'irrigation à partir du Logone.

Le Komadougou Yobé, issu du Nigeria, est affaibli par la présence de deux barrages qui ont fait chuter son apport annuel de 7 milliards de m^3 à 0,45 milliard de m^3, du fait de l'irrigation. Malgré le maintien des apports du Logone, cette perte de 6,5 milliards de m^3 explique, à elle seule, la baisse du niveau du lac Tchad. L'équilibre précédent, entre évaporation sur le lac et apports, n'existait qu'avec le renfort de cet affluent venant du Nigeria. Le volume du lac représente cent fois moins que les apports antérieurs du Komadougou Yobé ! Inutile de chercher plus loin les causes de la baisse de la surface et du volume du lac.

L'historique des hausses et des baisses du lac Tchad

• En 1908, le lac n'était plus qu'un marécage avec deux petits bassins au nord et au sud, puis son niveau a augmenté.

• En 1963, le lac couvrait 25 000 km². A cette époque, une évaporation de 2 m par an représentait 50 milliards de m³ ; en effet, le calcul est simple : 2 m d'évaporation représentent 2 millions de m³ par km² de surface du lac.

• En 2001, sa superficie est descendue à 4 000 km².

• En 2008, ses dimensions sont de 30 km sur 40 km à l'embouchure du fleuve Chari et du Logone, et sa superficie est de 2 500 km². Le lac Tchad couvre moins de 10 % de la surface qu'il occupait dans les années 1960. Il est donc revenu à son niveau de 1908, époque où il n'y avait pas de prélèvement en amont...

La population du bassin a doublé dans l'intervalle, et l'irrigation a quadruplé entre 1983 et 1994. D'où le recul constaté. Sa faible profondeur, au maximum de 7 m, le rend fragile et très dépendant des fluctuations saisonnières. Le climat autour du lac est chaud et sec, avec des précipitations variant de 94 à 565 mm annuels dont 90 % tombent entre juin et septembre. La rive sud est plus humide que la rive nord.

Le recul du lac dans les années 1970 et 1980 n'a toutefois pas eu que des inconvénients. Les nouvelles terres émergées, encore humides et non salées, ont permis d'entreprendre des cultures très productives au sud du lac, côté tchadien. Les terres irriguées se montent à 135 000 hectares, dont 100 000 au Nigeria.

Un projet coûteux et sans doute peu réaliste a été étudié pour transférer vers le bassin du lac Tchad des eaux venant du bassin versant du Congo. Il faudrait alors franchir la ligne de partage des eaux entre ces deux bassins, mais le pompage de milliards de mètres cubes par an est très onéreux et, pour le moins, des accords politiques seraient nécessaires avec le Congo-Brazzaville et la République démocratique du Congo (ex-Zaïre). Tout cela fait que ce projet est possible mais peu probable.

Le lac Balkhach : retour au Kazakhstan

Le Kazakhstan est grand comme cinq fois la France, mais sa population n'est que de 16 millions d'habitants, sa densité est donc de 6 habitants par km^2. A l'opposé de la mer d'Aral, 2 000 km plus à l'est, le lac Balkhach s'étend sur 18 200 km^2, soit 1 820 000 hectares, formant un croissant long et étroit alignant 2 400 km de berges, en général plates et sablonneuses. Sa profondeur moyenne est de 25 m, ce qui lui donne un volume de 106 milliards de m^3.

Son bassin versant de 413 000 km^2 est soumis à un climat aride, semi-désertique. Les pluies aléatoires varient selon les années de 50 à 200 mm. Les hivers sont rigoureux, et le lac est gelé de novembre à mai. Il ne s'évapore donc pas durant ces longs mois d'hiver, en revanche, les étés sont chauds.

L'élevage extensif est la principale activité pratiquée

dans le bassin versant avec 600 000 bovins et 6 millions d'ovins. Seuls 50 000 hectares seraient irrigués sur les rivières qui se jettent dans le lac, notamment le fleuve Ili, en provenance de la province autonome du Xinjiang en Chine. La ville éponyme « Balkhach », située au nord du lac, regroupe 80 000 habitants.

Le lac aurait occupé une surface supérieure de 20 % il y a cent ans, à savoir 24 000 km². Mais les prélèvements liés à l'homme sont faibles à nuls. Le fleuve Ili se jetant à l'ouest de ce plan d'eau très allongé, les eaux sont douces à l'ouest, plus salées à l'est, jusqu'à 7 grammes de sel par litre. Mais ses eaux sont poissonneuses, avec des espèces comme la perche (*Perca schrenki*), la carpe (*Cyprinus carpio*), la brème (*Abramis brama orientalis*), le carassin (*Carassius auratus gibelio*) ; toutefois la pêche ne produirait que 15 tonnes de poisson par an. Bien que 15 % de son bassin versant soit en Chine, la situation géopolitique est différente des trois autres plans d'eau endoréiques, que se partagent deux, trois ou quatre nations. Pour le lac Balkhach, les Kazakhs sont chez eux. La baisse des eaux du lac ne s'est pas confirmée depuis une vingtaine d'années. Il ne semble pas que les prélèvements anthropiques soient la cause principale des variations de niveau et de surface du lac. Les variations naturelles du climat peuvent les expliquer.

Il ne faut donc pas confondre Balkhach et Baïkal. Leurs noms se ressemblent, ils sont géographiquement proches, mais l'hydrologie de ces deux lacs est très différente. Situé en Russie, le lac Baïkal, qui n'est pas endoréique, peut être considéré comme la source de l'Ienisseï, l'un des fleuves les plus longs et les plus puissants du monde avec ses 4000 km de long et son débit annuel de 600 milliards de m^3. Le lac s'étend sur une longueur de 636 kilomètres, avec une largeur moyenne de 48 km et une superficie de 31500 km^2, ce qui le classe comme le huitième lac du monde. C'est par ailleurs le lac le plus profond de notre planète avec 1637 m d'épaisseur d'eau au point le plus bas. Son volume d'eau de 23600 milliards de m^3 représente environ 260 fois celui du lac Léman, soit autant que la mer Baltique ou que les cinq grands lacs nord-américains : Lac Supérieur, Lac Michigan, Lac Huron, Lac Erié et Lac Ontario réunis. Il représente 20 % du volume mondial d'eau douce contenue dans les lacs et les rivières!

Inscrits par l'Unesco en 1996 au patrimoine de l'humanité pour sa richesse écologique, ce lac, également gelé six mois sur douze, recèle une des faunes d'eau douce les plus riches et originales de la planète. Elle représente une valeur exceptionnelle pour la science de l'évolution. On y recense 1550 espèces animales et plus de 600 espèces végétales; près de la moitié des espèces du lac sont endémiques[72]. Le phoque de Sibérie en est le symbole le plus connu. On a trouvé plus de 250 espèces de crevettes d'eau douce dans le lac Baïkal, soit le tiers de toutes les espèces de crevettes du monde!

72. Endémique : se dit des espèces vivantes dont l'aire est limitée à un territoire bien défini.

Des exceptions

En aucune façon, la baisse spectaculaire ou plus limitée des plans d'eau endoréiques ne permet de conclure que l'humanité va manquer d'eau, ou que le débit global des rivières de la planète baisserait. Les bassins versants des fleuves qui alimentent ces lacs représentent moins de 1 % de la surface des terres immergées et moins de 1 % des débits cumulés des rivières. Ces plans d'eau sont intrinsèquement fragiles car tous situés en zones semi-arides ou désertiques. L'évaporation doit être systématiquement compensée tous les ans par les apports des fleuves qui les alimentent. Si on utilise l'eau de ces fleuves pour l'irrigation (mer d'Aral et lac Tchad), ou pour, à la fois, l'irrigation et les prélèvements pour l'eau domestique (mer Morte), le niveau baisse et peut aller jusqu'à vider totalement ces plans d'eau et faire disparaître toute vie aquatique.

Aux pays concernés d'arbitrer, peut-être, entre moins d'irrigation, donc moins de coton, et une remontée de ces plans d'eau. Il faudrait pour cela réduire de manière spectaculaire la consommation d'eau. Le «goutte-à-goutte» n'est pas adapté à une culture annuelle comme le coton, le plus souvent intégrée dans un assolement avec d'autres cultures annuelles. La recherche de variétés moins consommatrices d'eau par génie génétique peut ouvrir des perspectives plus prometteuses, mais les OGM restent controversés, même pour les cultures textiles, non alimentaires. Le

Kazakhstan, plus riche que l'Ouzbékistan, est en passe de réussir le sauvetage de la Petite mer d'Aral, celle du nord, située sur son territoire, car il peut financer les travaux nécessaires du fait des revenus de ses hydrocarbures.

Pour les pays classés dans la catégorie des pays les moins avancés par l'ONU, comme le Tchad, le Niger, le Cameroun ou le Nigeria, seule la solidarité internationale pourrait permettre de faire évoluer la situation. Moins d'irrigation? Détourner les eaux du Congo? Toutes ces solutions sont, nous l'avons vu, peu réalistes à un horizon proche. La solidarité internationale n'est jamais aussi importante qu'on pourrait le souhaiter et il y a peut-être d'autres priorités sur la planète comme, par exemple, l'alimentation en eau potable des deux milliards d'hommes qui en sont dépourvus.

SECONDE PARTIE

Écologie de l'eau, écologie de la planète
Lieux communs et idées fausses

11

La vapeur d'eau est le premier gaz à effet de serre

Une autre perspective sur le réchauffement de la planète

L'eau de l'atmosphère existe aussi sous ses trois formes. La forme gazeuse tout d'abord. Dans l'air que nous respirons, il y a un gaz : la vapeur d'eau. Sa teneur dans l'air varie selon les latitudes et les saisons, l'air est, nous le sentons, plus ou moins sec. En moyenne la vapeur d'eau constitue 3 % de l'air respiré. Le reste, hors vapeur d'eau, est composé d'azote (79 %), d'oxygène (20 %), d'argon (1 %) et de dioxyde de carbone ou CO_2 (0,038 %).

L'eau dans sa phase liquide peut être aussi présente dans l'air sous la forme de très fines gouttelettes ; il en est de même de sa phase solide, elle est alors soit sous forme de glace (les grêlons), soit de cristaux de glace (la neige). Si la vapeur d'eau ne se voit pas, en revanche les particules liquides et solides sont bien visibles et forment les nuages, qui précipiteront sous forme de pluie, de neige ou de grêle.

Nous avons vu que cette masse atmosphérique était la plus petite des trois réserves d'eau de la planète, après celles de la mer et des continents : il n'y a en effet « que » 17 000 milliards de m^3 d'eau dans l'atmosphère

Toutefois, ce passage à l'état de vapeur constitue l'étape majeure du cycle de l'eau, car ces milliards de mètres cubes apportent la pluie ailleurs. Ils ne font que transiter et ne restent, en moyenne, que onze jours, avant de retomber. Le cycle de l'eau se renouvelle environ trente-quatre fois par an et joue le rôle essentiel que nous imaginions bien avant de le connaître : il pleut, il ne pleut pas, il neige, il ne neige pas... Ce n'est pas d'aujourd'hui que les hommes guettent avec intérêt, et parfois anxiété, les phases les plus visibles de ce cycle tant il est essentiel pour la vie sur terre.

Les nuages

Outre ces phases visibles de pluie, de grêle ou de neige, le cycle ne fonctionnerait pas sans une phase, elle invisible, celle de l'évaporation. Quand l'air chauffe, l'eau de la mer, celle des lacs, mais aussi des sols et des plantes, s'évaporent. Le liquide devient gaz. En revanche, quand l'air se refroidit, la vapeur retourne à l'état liquide (eau) ou solide (glace). C'est la raison pour laquelle, sur toute la surface du globe, le flanc des montagnes exposé au vent constitue le coté humide du massif et l'autre versant le côté sec. Il en est ainsi, en France, par exemple, du versant ouest des Vosges et de la plaine d'Alsace : il tombe 1550 mm par an à Gérardmer, 630 mm à Strasbourg. Car, après avoir franchi la chaîne de montagne, l'air descendant se réchauffe et donc se dessèche, c'est l'effet de fœhn.

Mais, dans les nuages, l'eau a souvent tendance à rester à l'état de vapeur alors qu'elle devrait, compte tenu de la température, se condenser. Ce phénomène s'appelle la « surfusion ». Pour que la condensation, sous forme liquide ou solide, se produise, il faut l'intervention d'un « noyau de condensation », en général une particule fine (un aérosol), ou un rayon cosmique. C'est ce noyau qui déclenche le passage à l'état liquide ou solide.

Les aérosols sont des particules dont les dimensions sont de l'ordre du micromètre (millième de millimètre). Certaines sont plus grosses, comme les poussières arrachées aux déserts ou les embruns des océans, mais elles sont rapidement abattues par les pluies. Les aérosols plus fins résultent de la transformation de gaz en solide, comme les sulfures issus du dioxyde de soufre (SO_2) émis, notamment, par les éruptions volcaniques, mais aussi par certaines pollutions industrielles après la combustion du charbon, par exemple. Les êtres vivants peuvent aussi générer des aérosols : pollens, algues ou bactéries, divers produits soufrés émis par le phytoplancton. L'homme en émet, nous venons de le voir par la combustion du charbon qui est souvent à forte teneur en soufre, mais aussi en brûlant du bois et autres sources de suies, poussières et particules fines, ainsi que dans les gaz d'échappement peu filtrés des véhicules automobiles.

Les techniques de pluies artificielles utilisent ce phénomène pour faire « crever » les nuages. Par exemple, en dispersant par avion de l'iodure d'argent, en poudre fine. La méthode a prouvé son efficacité mais elle est coûteuse. Les fusées paragrêle utilisées par les vignerons reposent sur ce même principe : apporter des noyaux de condensation permettant le faire tomber de grosses gouttes avant qu'elles ne gèlent au sein des nuages orageux, les cumulonimbus.

Les nuages sont des miroirs à deux faces[73]

Le premier côté du miroir : les nuages réfléchissent le rayonnement solaire

Les nuages couvrent en permanence 50 % de la surface de la terre et renvoient dans le vide intersidéral une partie des rayonnements qu'ils reçoivent, le reste est absorbé par la terre. On mesure ce taux de renvoi et d'absorption par un paramètre : l'**albédo**. Ce chiffre varie de 0 à 1. Les « corps noirs » absorbent tout le rayonnement et ne réfléchissent rien. Leur albédo est nul. Les miroirs parfaits réfléchissent 100 % de la lumière, leur albédo est de 1. Entre les deux extrêmes on peut citer : les océans dont l'albédo est 0,07 – ils absorbent donc beaucoup et réfléchissent très peu –, les forêts dont l'albédo est de 0,16 ; les cultures (0,25), le sable notamment celui des déserts (0,31), la neige (0,76). Pour les nuages, l'albédo varie de 0,20 pour les cirrus fins de haute altitude à 0,50 pour les cumulus de beau temps, et monte jusqu'à 0,90 pour les cumulonimbus d'orage. Au total **la couverture nuageuse est responsable des deux tiers de la**

73. La rédaction de ce chapitre trouve de nombreuses sources dans l'ouvrage d'André Legendre, *L'homme est-il responsable du réchauffement climatique ?*, *op.cit.*

réflexion du rayonnement solaire vers l'espace intersidéral. Cette réflexion réduit sur terre la puissance énergétique des rayonnements du soleil. Les nuages forment ainsi un grand « parasol », protégeant la terre des rayons du soleil.

Par opposition à l'effet de serre, dont nous parlerons plus loin, ce premier côté du miroir nuageux tend à refroidir la terre puisqu'il renvoie dans l'espace des rayons qui pourraient la réchauffer. L'albédo global de notre planète est estimé à 0,3. Ainsi, la puissance radiative du soleil qui est de à 342 watts par m^2 (W/m^2) avant d'arriver dans l'atmosphère passe à 235 W/m^2 au niveau du sol. Près de 107 W/m^2 ont été réfléchis vers l'espace par l'effet miroir des nuages. Ces considérations sont d'importance car avec un peu moins de nuages sur l'ensemble de la planète la température monte.

Une baisse de l'albédo de 30 % à 29 % induirait un réchauffement estimé à 3,6 W/m^2, et élèverait la température moyenne de la planète de 0,65 °C environ, soit l'ordre de grandeur du réchauffement observé au XXe siècle.

Les rayons cosmiques, invisibles à l'œil nu, jouent un rôle essentiel dans la formation des nuages

L'albédo de la terre varie. Il était plus élevé pendant les périodes glaciaires car la neige et la glace ont une forte capacité réfléchissante. *A contrario*, il baisse très sensiblement à la suite des éruptions volcaniques qui envoient dans la haute atmosphère ou dans la stratosphère (au-dessus de 10000 mètres d'altitude) des quantités de poussières qui obscurcissent le ciel. L'éruption du Pinatubo, aux Philippines, en 1991 a entraîné un léger refroidissement, il fut observé dans le monde entier. En 1815, l'éruption du Tambora, situé en Indonésie, a provoqué un refroidissement qui a duré plusieurs années. Les éruptions volcaniques, comme les chutes de grosses météorites, peuvent générer des hivers si longs que le refroidissement qui s'ensuit peut être fatal à certaines espèces animales ou végétales. C'est ainsi qu'auraient disparu les dinosaures, il y a soixante millions d'années...

Outre leur fonction de noyaux de condensation de la vapeur d'eau, tous les aérosols participent directement à l'effet parasol et refroidissent la terre en faisant obstacle à l'arrivée des rayons solaires jusqu'à la surface liquide ou solide de la planète.

La seconde grande cause de variations de l'albédo est le soleil lui-même. Si son apparence semble immuable, son rayonnement varie. En effet, le soleil alterne des phases de forte activité et des phases de faible activité. Les premières, marquées par la présence de taches solaires, avaient déjà été observées par les Chinois au xe siècle de notre ère. Paradoxalement, la puissance radiative du soleil ne varie pas ou de manière infime pendant ces épisodes, en revanche le champ magnétique solaire fluctue. Des masses de matière chargées électriquement tournent autour du soleil dans des sens opposés, ce qui génère un champ magnétique; la puissance de ce champ augmente, semble-t-il, à l'observation de nombreuses taches.

Des travaux récents d'une équipe de météorologues

britanniques dirigée par Sarah Ineson[74] montrent que **les hivers froids en Europe et en Amérique du Nord sont associés à une plus faible activité solaire et, notamment, à une plus basse émission de rayons ultraviolets par le soleil.** Ces rayons, beaucoup plus nombreux et plus variables qu'on ne le pensait jusqu'alors, joueraient un rôle, avec d'autres rayons cosmiques, dans le réchauffement de la stratosphère et la fabrication des nuages. Car les ultraviolets altèrent aussi la couche d'ozone qui influence les nuages et la vitesse du vent...

On sait par ailleurs qu'il y a un lien statistique entre périodes froides et absence de taches solaires. Ce fut le cas notamment au XVIIe et au XVIIIe siècles. Il semblerait donc que varient à la fois l'émission d'ultraviolets et... le champ magnétique solaire.

Notre galaxie, la Voie lactée, ainsi que l'univers plus lointain envoient en permanence dans l'espace intersidéral différents rayonnements, appelés rayons cosmiques; certains parviennent sur terre. Ces particules de haute énergie et de courtes longueurs d'onde[75] sont constituées de noyaux d'hydrogène ou protons. S'y ajoutent quelques noyaux d'hélium ou rayonnement α, un peu plus lourds. Chargés positivement, ils sont déviés partiellement par les champs magnétiques du soleil et de la terre. En arrivant dans l'atmosphère, ces

74. Sarah Ineson *et al.*, «Solar forcing of winter climate variability in the Nothern Hemisphere», *Nature Geoscience* 2011, Published online, 09 october 2011.

75. C'est le savant allemand Max Planck qui a découvert que l'énergie d'un rayonnement électromagnétique était inversement proportionnelle à sa longueur d'onde. La «constante de Planck» relie les deux grandeurs.

particules élémentaires entrent en collision avec les atomes qui constituent la couche atmosphérique. Ces chocs vont notamment donner naissance à des particules radioactives, comme le carbone 14, le béryllium 10, l'oxygène 18 et des particules secondaires (neutrons, électrons, photons, mésons). Peu de rayons cosmiques parviennent au niveau de la mer. En revanche, l'altitude accroît l'exposition à ces rayonnements. Ces particules vont former des noyaux de condensation favorisant la formation des nuages[76]. Habitants des hautes montagnes, pilotes et personnels navigants des compagnies aériennes sont ainsi plus exposés, toutefois les doses reçues restent le plus souvent inférieures aux normes établies pour les risques sanitaires liés aux rayonnements ionisants.

La terre de son côté possède aussi un champ magnétique, celui qui oriente nos boussoles. Sans ce champ magnétique et sans atmosphère, elle serait bombardée par les rayons cosmiques qui rendraient toute vie impossible. Ceux-ci sont en grande partie arrêtés par l'atmosphère et, selon qu'ils sont plus ou moins nombreux, contribuent plus ou moins à la formation de nuages. Toutefois, terre et soleil interagissent, et plus le champ magnétique solaire est puissant, plus il attire les rayons cosmiques, et donc moins nombreux sont

76. Le phénomène est utilisé dans les «chambres à bulles» ou «chambres à brouillard» conçues pour étudier ces corpuscules élémentaires. On repère ainsi, c'est très spectaculaire, les particules elles-mêmes et celles nées d'un choc avec d'autres particules. Ce choc est invisible mais pas la trace de la particule ni des éléments qui en naissent après collision. On peut alors photographier la trajectoire de la particule et ses éventuelles traces sous forme de condensation de très fines gouttes d'eau.

les rayons qui arrivent jusqu'à la terre. Quand l'activité solaire diminue, son champ magnétique baisse, moins de particules sont alors attirées par le champ magnétique du soleil et un plus grand nombre parviennent dans l'atmosphère de la terre. Comme nous venons de le voir, ces rayons jouent le rôle de noyaux de condensation, donc plus de nuages se forment, l'effet « parasol » s'accroît, moins d'énergie arrive au niveau de la mer, le climat se refroidit. Bien entendu, quand l'activité du soleil s'accroît, c'est l'inverse qui se produit, la terre se réchauffe.

Rayons cosmiques, soleil et terre : une chronique historique

Aussi loin que l'on puisse remonter dans le temps, il y a concomitance sur la terre entre périodes froides et soleil sans taches. Ainsi, les taches solaires ont disparu entre 1640 et 1720, période appelée « minimum de Maunder » ou « petit âge glaciaire », puis de nouveau entre 1790 à 1830 appelée « minimum de Dalton ». La première correspond au règne de Louis XIV, marqué par de très grands froids, quant à la seconde, celle de la retraite de Russie, il ne faisait pas très chaud non plus. Au cours de ces deux épisodes on a pu également documenter la progression des glaciers alpins.

Aucun épisode équivalent ne s'est reproduit depuis 1830, ce qui correspond au réchauffement lent et régulier observé depuis cette date. La coïncidence de deux phénomènes, à savoir l'absence de taches solaires et des périodes de grands froids, n'apporte cependant pas la preuve irréfutable du lien entre rayons cosmiques et climat terrestre qui demeure une hypothèse confortée, nous l'avons vu, par de récents travaux.

Un chercheur américain, G. Warren, a notamment pu établir, à partir de photos satellite, une diminution de la surface de la couche nuageuse de 0,7 % par décennie sur la période 1971-1996, coïncidant avec la période de réchauffement observée dans cet intervalle[77]. Parallèlement, des équipes danoises, dirigées par Henrik Svensmark, ont montré une forte corrélation entre la température terrestre et l'intensité des rayons cosmiques de 1960 à 1998. Durant l'ensemble du XXe siècle, le rayonnement cosmique aurait diminué de 15 %, corrélativement avec la hausse de 0,6 °C de la température moyenne observée. Depuis l'an 2000, Eric Pallé, travaillant sur les clichés fournis par l'ISCCP[78], a observé une remontée de la couverture nuageuse, qui correspond à une hausse des rayons cosmiques due à la faible activité solaire de cette dernière décennie, au cours de laquelle la température moyenne de notre planète n'a plus augmenté[79].

Cette théorie « solariste » du réchauffement de la terre est récente, de nombreuses équipes de chercheurs s'y consacrent. Au CERN, Centre européen de recherches nucléaires, près de Genève, le programme CLOUD[80] devrait permettre de mieux connaître le rôle des parti-

77. Stephen G. Warren, Ryan M. Eastman, Carole J. Hahn, « A Survey of Changes in Cloud Cover and Cloud Types over Land from Surface Observation, 1971-96 ». Source : http://journals.ametsoc.org/doi/pdf/10.1175/JCLI4031.1

78. International Satellite Cloud Climatology Project.

79. Eric Pallé Bagó, C. J. Butler, *The Influence of Cosmic Rays on Terrestrial Cloud and Global Warming.*

80. Cosmic Leaving OUtdoor Droplets.

cules à haute énergie dans la condensation de l'eau. En effet, curieusement, la connaissance scientifique des nuages et de leur formation est balbutiante. Avant les satellites, il n'était pas possible d'avoir une idée exhaustive et fiable de la couverture nuageuse. Si le rôle des noyaux de condensation était connu, celui des rayons cosmiques l'était beaucoup moins, de même que leurs variations liées à celles du champ magnétique du soleil... On pourrait ajouter tous les phénomènes thermodynamiques qui se jouent dans les cumulus «tours» des zones tropicales, le rôle de la chaleur générée par la condensation, etc. D'innombrables variables entrent en jeu, et le résultat de leurs actions, qui peuvent s'annuler, ou au contraire s'ajouter, est chaotique.

Toutefois, quelques vérités sont empiriquement vérifiées. Les nuages donnent pluie, neige ou grêle. Sous les nuages, il fait en général moins chaud qu'au soleil. On comprend intuitivement l'effet «parasol», mais les nuages viennent, vont et disparaissent sans que l'on puisse toujours comprendre ou prévoir leur mouvement erratique, d'autant qu'en leur sein l'eau change d'état : elle peut être liquide, solide ou gazeuse. Tout cela est donc encore très «nébuleux», mais joue pourtant un rôle essentiel car l'eau atmosphérique est le principal gaz à effet de serre.

L'autre face du miroir : l'eau atmosphérique est le principal gaz à effet de serre

Si la couverture nuageuse tend à refroidir la terre, nous venons de le voir, *a contrario,* l'effet de serre produit par la vapeur d'eau tend à la réchauffer. Les deux phénomènes physiques agissent donc de manière opposée tout simplement parce que les nuages sont, on l'a vu, des miroirs à deux faces : d'un côté, ils renvoient vers l'espace les rayonnements qu'ils reçoivent, mais, de l'autre, ils renvoient vers la terre la chaleur qui voudrait s'en échapper.

Pendant une nuit claire, sans nuages, la température est fraîche. Ainsi, dans nos campagnes, nous appelions la pleine lune de mars la « lune rousse », parce qu'elle faisait « roussir », c'est-à-dire geler les cultures précoces. En revanche, quand le mauvais temps s'installe, le ciel est couvert, les nuits sont plus chaudes et le risque de gel disparaît. Si la terre se refroidit par temps clair nocturne, c'est que sa chaleur repart vers l'espace, sous forme de rayonnement infrarouge ou micrométrique[81], invisible à l'œil. Par temps couvert en revanche, les nuages absorbent et réfléchissent une partie de ce rayonnement infrarouge, il revient alors vers la terre, piégé par cette autre face du même miroir, ce qui explique pourquoi la vapeur d'eau est le principal gaz à effet de serre. Cette affirmation ne soulève aucune objection, elle est reconnue par toute la communauté scientifique et notamment par le GIEC[82].

81. L'infrarouge correspond à une longueur d'onde comprise en 0,4 et 1 micromètre. Les longueurs d'onde supérieures au micromètre, par exemple 10 micromètres, sont des « micro-ondes » ou ondes micrométriques, celles qui font fonctionner les fours à « micro-ondes ».

82. Groupement international d'experts sur le climat. En anglais IPCC, International Panel on Climate Change.

L'effet de serre de la vapeur d'eau

Le GIEC indique dans ses rapports que 72 % de l'effet de serre global est dû à la vapeur d'eau, le dioxyde de carbone (CO_2), ainsi que les autres gaz n'intervenant qu'à hauteur de 28 %. Il souligne que la hausse de température due à la hausse du taux de CO_2 va augmenter l'humidité de l'atmosphère, ce qui est exact, et cette augmentation de l'humidité ferait « boule de neige ». Elle entraînerait encore plus d'humidité, donc plus de chaleur, donc plus d'humidité, etc. Il y aurait ainsi une forte « rétroaction positive » entre le taux de CO_2 et l'humidité, qui entraînerait une croissance rapide de la température. D'où l'affirmation dans le rapport de 2001 d'une hausse de la température de la terre qui pourrait atteindre 6 °C en un siècle. Toutefois, les prévisions étaient moins alarmistes dans le rapport du GIEC de 2007, la croissance de température à l'horizon de l'année 2100 n'était plus « que » de + 4 °C. Toute cette notion de « rétroaction positive » résulte de modèles complexes, nécessitant de puissants ordinateurs. Certains scénarios aboutissent à ces prévisions alarmistes. Toujours est-il que le gaz carbonique accompagne la croissance de la température terrestre. La controverse ne porte pas sur ce fait bien documenté mais sur le rôle des humains dans la croissance actuelle de la température du globe.

Retour sur le rôle direct du dioxyde de carbone ou CO_2 sur le climat

Mais alors que vient faire le dioxyde de carbone ? Joue-t-il un rôle direct (et non pas par le biais de la vapeur d'eau) dans l'effet de serre ? Si oui, dans quelle proportion ? Quelles sont les raisons du réchauffement climatique observé ? L'homme est-il responsable de ce réchauffement, et si oui dans quelle proportion ? Cet ouvrage ne prétend pas donner de réponse à ce débat, mais comme son titre l'indique, **il place l'eau au centre de la question du réchauffement** et, ce faisant, donne une perspective plus nuancée que celle de la doxa dominante.

Le réchauffement est-il réel ?

La réponse est oui, c'est un fait bien documenté. La température moyenne de la terre augmente depuis 1850. En témoignent notamment le recul des glaciers terrestres, la remontée vers le nord de certaines espèces méditerranéennes comme les oliviers, les cyprès, les palmiers, une plus grande précocité des vendanges. Cette hausse serait d'environ 1 °C en cent cinquante ans, malgré une baisse entre 1945 et 1975. Les hivers de 1956 et 1963 notamment furent très rigoureux.

Depuis l'an 1000, on connaît assez bien les variations de température en Europe. Au XIIIe siècle, celui de Saint Louis, la température était de 2 °C supérieure à celle du XXe siècle. *A contrario*, le petit âge glaciaire a vu des températures de 2 °C inférieures aux températures actuelles. Les variations séculaires ont été de plus ou moins un ou deux degrés par rapport à la moyenne, suivant en cela la loi de Gauss. Tout cela figure dans le rapport du GIEC de 1990 (voir annexe II, p. 308).

Dans ces conditions, on peut parler de variation de la température séculaire autour de la moyenne du millénaire, mais les termes « changement climatique » ou, *a fortiori*, « bouleversement climatique » sont inappropriés.

Le taux de CO_2 de l'atmosphère a-t-il augmenté ?

La réponse est positive et aussi bien documentée. Les changements significatifs ne remontent qu'à 1950. Avant l'époque industrielle, la teneur en gaz carbonique de l'atmosphère était stable à hauteur de 280 ppmv, ou parties par million en volume. Aujourd'hui, cette teneur est de 380 ppmv. Ou, si l'on préfère, 0,038 %.

Quelle est l'influence directe du dioxyde de carbone sur ce réchauffement ?

Les lois de Myhre et de Stefan donnent une réponse précise à cette question[83]. La loi de Myhre permet de calculer le « forçage radiatif », c'est-à-dire la puissance calorifique supplémentaire arrivant au sol, exprimée en

83. Source : André Legendre, *L'homme est-il responsable du réchauffement climatique ?*, *op. cit.*

watt par mètre carré (W/m^2), liée aux variations du taux de CO_2 et à son effet de serre[84].

Ainsi, pour le passage de 280 ppm, dose préindustrielle, à 380 ppm, la teneur actuelle en CO_2 de l'air, **le calcul donne + 0,30 °C,**

• pour le doublement du taux de CO_2 préindustriel soit 560 ppmv : + 0,68 °C ;

• pour le triplement du taux de CO_2 soit 840 ppmv : + 0,74 °C ;

• pour le quadruplement, donc un peu plus de 1 000 ppmv soit un taux de 1 pour mille de CO_2 + 0,85 °C.

Ces valeurs figurent dans les rapports GIEC de 2001 et de 2007. Remarquons qu'au-dessus d'un certain seuil l'impact est décroissant. Cela s'explique par le phénomène suivant : dans la bande de fréquence des radiations infrarouges émises par la terre, à savoir dans la plage variant de 1 à 15 micromètres, il y a une forte concurrence entre la vapeur d'eau et le dioxyde de carbone et les autres gaz pour piéger ces rayonnements. Contrairement à ce qu'on laisse supposer dans l'opinion commune, **les gaz à effets de serre ne s'additionnent pas mais se concurrencent**. Ensuite, intervient un phénomène de saturation. A partir d'une

---

84. La formule est assez simple :

$$\textit{Forçage radiatif en watt par } m^2 = 5{,}35\ Ln\ \frac{C}{Cp}$$

dans laquelle Cp est la teneur en gaz carbonique de l'époque préindustrielle, à savoir 280 ppmv, et C exprime une nouvelle valeur de ce chiffre (380 ppmv, chiffre actuel, par exemple). Ln est le logarithme népérien de ce rapport. 5,35 est une constante exprimée en watt par m^2. La loi de Stefan permet ensuite de calculer la nouvelle température de la terre résultant de cette hausse de la puissance radiative due au dioxyde de carbone.

certaine teneur de CO_2 ou de vapeur d'eau, l'effet de serre ralentit puis s'arrête. **D'où la formule logarithmique de la loi de Myhre (croissance moins que proportionnelle).** A partir de certains seuils, on retrouve dans la couche nuageuse ou dans l'atmosphère « une fenêtre de transparence » vers le haut. Autrement dit : quels que soient les gaz à effet de serre présents dans l'atmosphère et leurs teneurs, les infrarouges excédentaires repartent vers l'espace intersidéral sans être réfléchis vers la terre, la face inférieure du miroir ne joue plus son effet réfléchissant. Le CO_2 est donc « condamné » à jouer un rôle de plus en plus modeste, sur le réchauffement, même si sa teneur augmente encore[85].

Le réchauffement climatique est-il dû à cette hausse du taux de CO_2?

Oui, certainement, mais **son effet direct est modeste**. Le passage de 280 ppmv, concentration préindustrielle, à 380 ppmv, concentration actuelle du taux de gaz carbonique dans l'air, a produit un réchauffement de 0,30 °C, par application des lois de Myhre et de Stefan. Il faut rechercher d'autres causes pour expliquer le fait que le réchauffement ait atteint 1 °C sur la période.

85. En résumé, là où l'opinion commune, diffusée notamment par les écologistes, affirme que les gaz à effet de serre s'ajoutent et que la hausse des températures varie linéairement avec leur taux dans l'atmosphère, les lois physiques connues montrent que les gaz à effet de serre se concurrencent et que l'accroissement des températures suit une loi logarithmique dont les rendements sont décroissants.

Quel rôle jouent les émissions de CO_2 dues à l'homme, notamment par la combustion du pétrole, du charbon et du gaz, dans cette hausse de 0,30 °C ?

Un impact encore plus modeste est toujours difficile à calculer. On peut de manière simple, sinon simpliste, **attribuer à l'homme 10 % des 0,30 °C, soit 0,03 °C**, cela pour toute la durée du XXe siècle. Car l'homme n'est pas le seul à émettre du CO_2. Il y a aussi les êtres vivants, notamment les végétaux, certains volcans, et surtout l'océan, la plus grosse réserve de CO_2 du monde, à l'état dissous. Selon les conditions, l'océan mondial peut absorber le gaz carbonique ou le dégazer, c'est-à-dire le relâcher dans l'atmosphère. C'est la raison pour laquelle entre 50 % et 65 % des émissions de CO_2 d'origine anthropique, faciles à calculer car on connaît les consommations mondiales annuelles de charbon, de pétrole et de gaz, ne se retrouvent pas dans l'atmosphère.

Sans protocole de Kyoto, sans aucune intervention de l'homme, sans bonus, malus, quotas, et autres mesures restrictives, entre la moitié et les deux tiers du CO_2 d'origine humaine disparaît. La nature, c'est-à-dire l'océan et la biomasse vivante, terrestre ou planctonique, font heureusement plus que les conférences internationales et les politiques de réduction des émissions. Par ailleurs, comme cela a été expliqué ci-dessus, ce sont probablement des variations de l'effet parasol dues aux variations des rayons cosmiques qui sont la cause principale du réchauffement observé, et non l'effet de serre.

Michael Mann et sa « courbe en crosse »[86], ou comment donner une (fausse) image graphique du réchauffement de la planète

La courbe du rapport du GIEC de 1990, avec son optimum médiéval et son petit âge de glace, totalement indépendants du taux de CO_2, était devenue un boulet pour le GIEC. Ce dernier a donc donné mandat à Michael Mann de chercher une méthode statistique[87] qui ferait disparaître optimum médiéval et petit âge glaciaire. Il a ainsi élaboré sa fameuse « courbe en crosse », montrant l'emballement des températures de la terre depuis les années 1950 (voir annexe III, p. 309). Cette courbe a déclenché le doute, puis l'hilarité de nombreux statisticiens. Les travaux de Ross McIntyre et de son compatriote canadien Stephen McKitrick ont démoli la « courbe en crosse de hockey », une manipulation pseudo-scientifique, selon eux, visant à valider l'hypothèse de l'emballement, tout en niant la courbe GIEC de 1990[88].

---

86. Source : Jean Staune, *La Science en otage*, Presses de la Renaissance, 2010, p. 180.

87. Pour les spécialistes, il s'agit d'« une analyse en composante principale partiellement centrée ». Elle donne un poids très important aux valeurs les plus récentes, qui ont été effectivement plus chaudes.

88. La manipulation statistique de Mann lui a permis de lisser les valeurs anciennes de la température. Elle donne en effet une faible pondération aux valeurs anciennes et une forte pondération aux valeurs les plus récentes, qui, *de facto*, ont été chaudes. Ces pondérations ont fait disparaître l'optimum médiéval et le petit âge glaciaire de la courbe GIEC de 1990 et elles ont fait apparaître un emballement récent des températures, la partie de la crosse de hockey qui frappe ! Ce qu'il fallait démontrer...

On a parlé de « climategate ». Le prochain rapport du GIEC est attendu en 2013. Sa rédaction devrait être laborieuse s'il prend en compte les nouvelles données scientifiques et notamment la tendance au refroidissement observée depuis 1998 par les satellites américains de la NOAA (National Oceanic and Atmospheric Administration).

Dans le premier rapport du GIEC, la hausse maximale de température annoncée par les experts était, nous l'avons vu, de + 6 °C en 2100. Dans le rapport 2007, ce chiffre avait été revu à la baisse, on ne sait pas très bien pourquoi d'ailleurs, à + 4 °C en 2100. A ce rythme, le rapport 2013 ne chiffrera peut-être cette hausse qu'à + 2 °C. Mais l'impact médiatique du premier rapport a été tel qu'opinion et médias continuent de citer les + 6 °C annoncés en 2001 et surtout se focalisent sur l'accroissement du taux de CO_2 en ignorant le rôle essentiel de l'eau.

Le cycle naturel du CO_2

Selon la NASA, l'homme ne rejette annuellement que 3 % du CO_2 présent dans l'atmosphère et la moitié, au moins, est absorbée par la biosphère ou les océans. Il n'en reste que 1,5 % qui s'accumule d'une année sur l'autre. Le CO_2 comptant pour 22 % de l'effet de serre global, et le CO_2 supplémentaire lié à l'homme 1,5 %, le rôle annuel de l'humanité dans l'effet de serre global serait de + 0,33 %, cela toujours à partir des chiffres du GIEC. Mais le rôle essentiel serait joué par les océans qui, rappelons-le, rejettent du CO_2 en période chaude et l'absorbent en période froide.

La durée de l'accumulation du CO_2 d'origine humaine dans l'atmosphère est également controversée. De nombreux auteurs l'estiment autour de quinze ans, délai suffisant pour que toutes les émissions anthropiques de CO_2 aient disparu, en vertu des phénomènes précédemment cités : dissolution dans les océans, absorption par la photosynthèse, etc.

Comme le climat de notre planète commence à être assez bien connu depuis 400 millions d'années, il n'a, par ailleurs, jamais montré de phase d'« emballement », ce qui plaide également pour l'existence d'un ou plusieurs systèmes naturels de régulation de la température de la terre qui a déjà beaucoup varié sans que l'homme y joue un rôle quelconque.

Taux de CO_2 : conséquence ou cause d'un réchauffement préalable

Certains chercheurs avancent que la croissance du gaz carbonique précède, et non pas suit, le réchauffement de la planète. Cette thèse n'est pas nouvelle et a déjà été présentée par de nombreux géophysiciens. Nous avons vu que, selon les propres chiffres du GIEC, la vapeur d'eau et les nuages comptent pour 72 % de l'effet de serre global, et le CO_2, avec d'autres gaz, pour 28 %. Dans ces 28 %, et toujours selon le GIEC, le CO_2 se taille la part du lion, avec 77 % du total des 28 % (soit 21,5 %), suivi par le méthane (14 %), le protoxyde d'azote (8 %), et d'autres gaz pour 1 %. Donc, et toujours selon les mêmes sources, le CO_2 ne compte qu'à hauteur de 28 × 0,77 = 22 % de l'effet de serre. Mais, beaucoup d'arguments plaident pour défendre l'hypothèse selon laquelle ce serait un cycle naturel et non humain qui expliquerait la teneur de l'atmosphère en gaz carbonique.

Les études conduites sur les 500 000 dernières années grâce aux carottages dans les glaces du Groenland et de l'Antarctique, utilisant les isotopes radioactifs de l'hydrogène et de l'oxygène, notamment l'oxygène 18, ont montré que la montée des températures précédait toujours l'augmentation du taux de CO_2 de l'atmosphère. En clair, ces études démontrent que s'il y a bien une corrélation entre la température et le taux de CO_2, la croissance du CO_2 est due à une augmentation de la température, autrement dit : **la hausse des températures précède la hausse du taux de CO_2**. En effet, l'océan de surface stocke moins de CO_2 dissous quand sa température augmente, il est « dégazé » après une hausse de sa température, quelle qu'en soit la cause : cycles glaciaires, variation de l'activité solaire, etc.[89].

89. **Mais selon certain chercheurs, la rétroaction entre CO_2 et température serait négative et non pas positive, autrement dit, la croissance du gaz carbonique diminuerait l'effet de serre !**

C'est la conviction aujourd'hui documentée par le météorologue américain Richard Lindzen, professeur de climatologie au MIT (Massachusetts Institute of Technology). Autrement dit, si chacun convient que plus de gaz carbonique entraîne plus de vapeur d'eau, cette quantité supérieure de vapeur d'eau donnerait plus de nuages, donc réfléchirait plus les rayons du soleil, et moins de chaleur arriverait au sol. L'effet « parasol » des nuages augmenterait. L'effet extérieur du miroir des nuages serait plus fort que son effet intérieur, c'est-à-dire de retour de la chaleur à la terre. On devine l'enjeu.

Débats scientifiques – Débats politiques : coûteuse confusion des genres

Le GIEC, créé en 1988, affirme dans ses statuts que l'homme est le principal responsable du réchauffement. Un examen attentif des théories existantes démontre aujourd'hui, de manière convaincante, que sa contribution n'est certes pas nulle, mais vraisemblablement très modeste. Les rapports du GIEC, exécutés conformément à ses statuts, ont séduit les médias et les gouvernements. Ces derniers ont alors imaginé des politiques de réduction des émissions de gaz carbonique[90]. Les conférences de Kyoto, de Copenhague et de Durban, les prophéties apocalyptiques d'Al Gore, la caution passionnée de Nicolas Hulot ont atteint leur objectif : l'opinion mondiale est inquiète et persuadée que les humains conduisent la planète à la « surchauffe ». Michel Rocard a même parlé de « poêle à frire », point de vue, nous venons de le voir, pour le moins controversé.

Mais les modèles du GIEC sont eux-mêmes remis en cause car le rôle des océans comme celui des nuages serait mal ou pas pris en compte, la dimension des mailles du modèle serait trop grosse... Les critiques abondent sur les simplifications caricaturales de certains modèles qui n'intègrent pas la multiplicité des phénomènes en cause et n'expliquent pas le caractère chaotique des phénomènes climatiques. Même si ces affaires ont trouvé peu d'écho dans la presse fran-

90. Christian Gerondeau, *Ecologie, la fin*, Editions du Toucan, 2012.

çaise, le GIEC est sur la sellette de la communauté scientifique, et cela pour plusieurs raisons : légitimité politique, compétence scientifique de son directeur, erreurs portant sur certains chiffres, soupçons de falsification de données... Il y a donc une montée des climato-sceptiques, notamment aux Etats-Unis. Que l'on n'aille pas prétendre que c'est un débat entre les progressistes et les conservateurs ou entre la droite et la gauche ! C'est un débat scientifique où seuls les chiffres, les faits avérés après critique des autres scientifiques comptent pour trancher entre hypothèses concurrentes.

Le GIEC n'est pas un organisme scientifique

Rappelons encore ici que le GIEC, dont le directeur est un économiste, ne fait aucune recherche sur le climat. **Ce n'est pas un organisme scientifique**. Il « expertise » les travaux scientifiques réalisés par les institutions spécialisées pour démontrer, conformément à son nom en anglais (Comité international sur le changement climatique) et à ses statuts, la responsabilité de l'homme dans le changement climatique. **C'est donc un procureur plus qu'un juge, il plaide à charge.**

Il formule des avis pour que les décideurs politiques prennent les « bonnes décisions »[91] afin de lutter contre le réchauffement « climatique ». Rappelons que les commissions chargées de rédiger ces conseils politiques sont mixtes et comprennent des représentants

91. *Summaries for policy makers.*

des gouvernements des Etats membres des Nations unies ainsi que des grandes ONG écologistes comme Greenpeace ou WWF. La légitimité scientifique devient alors discutable et, ainsi, le GIEC a pu être qualifié d'« horreur épistémologique ».

Pourtant, à la suite des recommandations de ce comité, de nombreux gouvernements ont lancé des mesures destinées à réduire les émissions de gaz carbonique, alors que le GIEC lui-même reconnaît que son rôle est modeste. La lutte contre le réchauffement est devenue, à tort ou à raison, un élément important de la politique des pays développés. Pourtant, la polémique scientifique entre les « réchauffistes » et les « climato-sceptiques » ne porte pas sur le dioxyde de carbone lui-même, mais sur le rôle de l'eau, sujet du présent ouvrage. Pour les premiers, la rétroaction positive va conduire à l'emballement des températures. Pour les seconds, l'effet « parasol » entraînerait une rétroaction négative, qui régulera la température de la terre.

Une vérité scientifique finira par émerger. En attendant, depuis le tournant du siècle la communauté internationale a accepté les théories du GIEC et lancé des mesures contraignantes comme le protocole de Kyoto et mis en place des quotas ou « droits à polluer » pouvant s'échanger sur de nouvelles « Bourses du carbone[92] ».

Le fondement scientifique de ces politiques est fragile, ce qui explique qu'elles ne sont pas du tout, peu

92. Comme toutes les autres Bourses, à Paris comme à Chicago elles ont donné lieu à un certain nombre de scandales : achats spéculatifs, escroquerie à la TVA, effets pervers de la revente des quotas...

ou mal appliquées. Il explique aussi le fiasco des conférences de Copenhague et de Durban. Les pays émergents, ou des pays riches, comme le Canada, rejettent toute forme de contrainte.

Du fait des limitations, voire de l'arrêt, des centrales nucléaires en Europe de l'Ouest et de la croissance économique des pays du Sud, les émissions mondiales de dioxyde de carbone à partir des combustibles fossiles vont croître de 4 à 5 % par an. Nous ne sommes pas certains que cela ait un impact considérable sur le climat, comme ce chapitre l'évoque. En revanche, un ou deux milliards d'êtres humains devraient sortir de la pauvreté...

Un futur plus scientifique et plus apaisé ?

De nombreuses équipes travaillent pour mieux connaître le fonctionnement climatique de la terre, les causes de son réchauffement ou de son refroidissement, en un mot le fonctionnement de ce miroir à deux faces que constituent les nuages. Le rôle essentiel de la vapeur d'eau dans l'effet de serre est un phénomène qu'il faut souligner. On peut regretter de n'en trouver que peu d'échos dans les médias. Ils ne disent pas que, depuis 1998, la température globale n'augmente plus. En revanche, ils parlent beaucoup, ou beaucoup trop, du dioxyde de carbone. Lui aussi doit faire l'objet de nouvelles recherches. Il faut comprendre pourquoi 60 % du CO_2 d'origine anthropique ne se retrouvent pas dans l'air, car le cycle du carbone est aussi important que le cycle de l'eau. Mieux comprendre aussi le rôle des différents gaz à effet de serre[93], leur interaction, leur concurrence pour absorber certaines longueurs d'onde micrométriques, le plafonnement de l'effet de serre au-delà de certaines teneurs des différents gaz concernés dans l'atmosphère, etc.

Nous savons que charbon, pétrole et gaz vont continuer à produire du dioxyde de carbone dans les décennies à venir. Mais viendra un temps où les sources d'énergie fossiles seront épuisées. Il est donc essentiel de les économiser dès maintenant, et de trouver et développer des énergies de substitution – mais cela est une autre histoire.

93. Notamment le rôle du méthane (CH_4), qui est bien un gaz à effet de serre mais dont la teneur, dans l'atmosphère, stable depuis dix ans, est infime : 1,75 partie par million (soit 0,000175 %), contre 380 parties par million pour le CO_2. De plus, sa durée de vie n'est que de dix ans car il s'oxyde rapidement dans l'atmosphère pour donner une molécule de CO_2 et deux molécules d'eau H_2O.

12

La fonte des glaces de l'Antarctique et du Groenland n'a pas commencé

La plupart de l'eau terrestre est gelée et elle est, pour l'essentiel, exclue du cycle de l'eau.

La réserve d'eau solide

Le volume de la glace de l'Antarctique est estimé à 30 millions de milliards de m^3, et celui du Groenland à 2,6 millions de milliards de m^3. En comptant aussi les glaciers alpins, andins ou himalayens, on peut estimer que 33 millions de milliards de m^3 sont immobilisés sous forme de glace alors qu'il n'y a « que » 15 millions de milliards de m^3 d'eau douce liquide, libre, sur notre planète. Ce qui fait tout de même 2 millions de m^3 par Terrien.

L'Antarctique

Situé au pôle Sud, ce continent reçoit peu de radiations solaires, l'eau y est présente quasi exclusivement sous forme solide. Les précipitations sont faibles et presque celles d'un désert (de l'ordre de 100 mm par an). Elles tombent sous forme de neige qui s'accumule pour constituer un gigantesque « inlandsis[94] » recouvrant le territoire. Il est en place, sous sa forme actuelle, depuis quinze millions d'années. Sa superficie est de 16,5 millions de km², c'est-à-dire tente-deux fois celle de la France.

Certaines parties de cet inlandsis sont formées de glaciers en mouvements, appelés courants glaciaires, qui progressent vers le pourtour du continent pour former des icebergs, quand ils se jettent dans la mer. L'eau n'est jamais à l'état liquide le long de ce parcours. Localement, d'immenses plaques de glaces flottantes restent rattachées au continent. Leur épaisseur globale peut être de deux ou trois kilomètres. En vertu du principe d'Archimède, un dixième de cette épaisseur apparaît hors de l'eau, car la densité de la glace est inférieure à celle de l'eau liquide. Ainsi, les falaises de glace flottante de 300 mètres de haut cachent 2,7 kilomètres de glace immergée !

Ces plaques n'ont rien à voir avec la banquise, une faible épaisseur d'eau de mer qui gèle en hiver et qui dégèle en été. Comme au pôle Nord, une banquise se forme autour de l'Antarctique, mais elle ne concerne pas le continent Antarctique lui-même. Elle n'a aucun rapport avec le cycle de l'eau sur terre. C'est un phénomène purement marin. Au nord comme au sud, que la banquise gèle ou dégèle ne modifie en rien la hauteur des mers de la planète. Pas plus qu'un glaçon qui fond

94. Nappe de glace très étendue.

dans un verre de whisky ne fait monter le niveau dans le verre. Le gel et le dégel de la banquise n'ont aucun impact sur le volume du grand réservoir d'eau salée océanique, qui reste rigoureusement constant pendant ces épisodes.

La chute des icebergs dans la mer, ou la rupture des gigantesques barrières (barrière de Ross), est compensée par la neige qui tombe sur le continent. Durant les dernières décennies, plusieurs effondrements d'importantes barrières de glace ont eu lieu près des côtes, particulièrement le long de la péninsule Antarctique, à partir de la plaque de Larsen, à l'est de la péninsule de Palmer. Quand les plaques se prolongent vers des latitudes plus hautes, c'est-à-dire plus chaudes, vient un moment où elles se brisent puis flottent sur la mer et finissent par fondre. Notons au passage que la péninsule de Palmer, qui pointe vers le cap Horn, est au nord du cercle polaire antarctique. C'est donc la région la plus chaude de ce continent. Enfin on peut observer que le volume de toutes les plaques flottantes accrochées au continent ne représente que 1 % de la masse totale des glaces de l'Antarctique. Ces ruptures spectaculaires représentent de très faibles volumes de glace si on les rapporte au volume total.

La rupture de plaques provenant des barrières de Ross, de Larsen, de Ficher ou autres ne permet pas de conclure à une fonte des glaces de l'Antarctique liée au réchauffement. Si on pouvait prouver que leur fréquence s'était accrue, cela permettrait plutôt de conclure qu'il neige plus sur le continent blanc. Ce qui est plausible dans le cadre du réchauffement global observé depuis 1850, car il tend à accélérer le cycle de l'eau. La vitesse d'écoulement, même très lente, augmente nécessairement avec la masse de glace.

Ce continent très froid, où des températures de – 70 °C ne sont pas rares, a aussi une altitude moyenne élevée de plus de 3 000 mètres, ce qui renforce le froid. Les glaces recouvrent 90 % de sa surface. Le bilan de masse général de l'inlandsis antarctique est probablement légèrement positif, autrement dit, la masse de neige accumulée sous forme de glace augmenterait un peu, ce qui conduirait à un léger abaissement du niveau de la mer ou, plus vraisemblablement, au maintien de l'équilibre actuel. Cette information se trouve dans les rapports du GIEC.

Le Groenland : lieu de visite mais pas encore source d'inquiétude

Alors que le pôle Sud est situé au milieu d'un grand continent, le pôle Nord est situé dans l'eau, au milieu d'un océan de 3 000 mètres de profondeur. Bien entendu, cet océan gèle en hiver et dégèle partiellement en été pour former la banquise de l'hémisphère Nord.

Près du pôle Nord, il n'existe qu'une grande île, légèrement plus méridionale que le pôle lui-même. Comme l'Antarctique, elle est presque entièrement couverte de glace : c'est le Groenland. Avec ses 2 166 086 kilomètres carrés, il représente une surface correspondant à 10 % de celle l'Antarctique, et quatre fois la France environ. Le volume de sa glace est estimé à 2,6 millions de milliards de m^3, soit un peu moins de 10 % des glaces du pôle Sud[95].

Pour être complet en matière de glace continentale située près du pôle Nord, il faut rajouter les glaciers du Svalbard (ou Spitzberg), ceux des îles d'Ellesmere ou de Baffin, au Canada, les îles russes de la Nouvelle-Zemble, ceux d'Alaska, mais les volumes de glace concernés sont négligeables par rapport à ceux du Groenland.

A la différence de l'Antarctique, les côtes du Groenland sont le plus souvent rocheuses. Elles ont été peuplées par les Vikings pendant la période de réchauffement du Moyen Age, période pendant laquelle elles étaient vertes. D'où le nom de «green land», l'île verte. Le refroidissement intervenu vers la Renaissance a entraîné la fin de la verdure et le départ de ces agriculteurs et éleveurs. Sont restés, notamment sur la côte est de l'île, les Inuits, parfois appelés Esquimaux, dont le mode de vie est adapté à la rudesse du climat. La chasse au phoque et à d'autres animaux leur fournit la totalité de l'alimentation, de l'habillement et de l'énergie. La graisse de phoque permet d'allumer une lampe, de faire cuire la viande et de réchauffer la maison pendant la nuit polaire... Les vêtements sont confectionnés en peaux habilement cousues, et l'alimentation est constituée de viande ou de poisson.

95. *The Economist*, dans son numéro du 16 juin 2012, signale que la glace du Groenland perdrait 200 milliards de m^3 par an. Peut-être, mais il ne s'agit que du 110000[e] de cette masse, ce qui est très inférieur à la marge d'erreur. Par ailleurs, personne ne signale une baisse de la hauteur de la couche de glace, seul indicateur d'une véritable réduction de masse.

Aucun végétal n'est disponible, ni pour manger, ni pour s'habiller, ni pour se chauffer[96].

Le glacier d'Ilulissat

Comme pour l'Antarctique, des glaciers s'écoulent lentement du Groenland vers la mer. Situé sur la côte ouest du Groenland, au niveau de la baie de Disko, ce glacier a fait la une des médias durant l'été 2007, lorsque le ministre Jean-Louis Borloo et la chancelière allemande Angela Merkel sont allés observer les chutes spectaculaires d'énormes blocs de glace, là où ce glacier rejoint la mer. Ils y auraient observé, *de visu*, la fonte de la banquise, celle de la glace continentale et l'accélération du réchauffement.

Le volume de ces rejets est de l'ordre de 20 millions de m^3 par an, soit près de 50 000 m^3 ou tonnes par jour. Le spectacle est splendide. Ce phénomène est appelé « vêlage[97] », et c'est vraisemblablement un iceberg issu de ce glacier qui a envoyé par le fond le *Titanic*, le 15 avril 1912. Spectaculaire, ce glacier photogénique est aussi source officielle de contrevérités franco-allemandes car Mme Merkel et M. Borloo n'ont pas pu constater une éventuelle accélération de la fonte de la banquise ou des glaciers du Groenland.

---

96. Source : Jean Malaurie, *Les Derniers Rois de Thulé*, Plon, coll. « Terre humaine », 1955.

97. L'expression n'est pas très heureuse mais elle vient de l'anglais *calving*. Le mot « vêlage » en est l'exacte traduction.

Tout d'abord, il n'y a jamais de banquise dans la baie de Disko en été. Elle se forme en hiver, mais disparaît tous les étés depuis que l'homme observe ce phénomène. Par ailleurs, lorsque des blocs de glace tombent dans la mer, comment peut-on parler de «fonte» de ladite glace quand c'est de la glace, de la vraie, de la bien froide, de la pas encore fondue, qui tombe dans la mer, et non de l'eau.

Selon les médias, Jean-Louis Borloo se serait émerveillé des reflets bleutés de cette glace vive, on peut le comprendre, et il aurait déclaré qu'on ne peut plus nier l'accélération du réchauffement de la planète – là il est plus difficile à suivre. Depuis 1850, le réchauffement global est un phénomène bien documenté; en revanche, son «accélération» reste discutable et discutée. Le ministre ignorait sans doute que ce site fait l'objet d'une surveillance scientifique depuis deux cent cinquante ans et que ce phénomène de «vêlage» a toujours existé. Il n'a par ailleurs pas calculé que les 60000 m^3 de glace par jour qui «vêlent» à Ilulissat ne représentent que le débit dérisoire de 700 litres par seconde. La Seine à Paris débite quatre cents fois plus. De son côté, la Bièvre, ce petit ruisseau de la rive gauche, où vivaient autrefois des castors, débite un flux du même ordre de grandeur que celui d'Ilulissat. Cet affluent de la Seine, aujourd'hui souterrain, intervient donc dans le cycle de l'eau mondial au même niveau que le spectaculaire glacier du Groenland. Mais il est vrai que la visite des égouts de Paris près du métro «Gobelins» à moins de charme que celle de ce glacier quand il se jette dans la mer.

Comme nous sommes à une époque où de belles images valent infiniment plus qu'un raisonnement, la chancelière et le ministre nous ont donné la « preuve », médiatisée, que la banquise fondait et que la glace fondait. Le calcul dément leurs conclusions et démontre que le spectaculaire est en fait dérisoire. Mais qui le dit ?

Le glacier Petermann

En août 2010, et toujours sur la même ligne, plusieurs articles[98] ont évoqué le cas du glacier Petermann qui débouche à l'extrême nord du Groenland. Un bloc de 260 km^2 s'était en effet détaché de ce glacier long de 70 km. Certes, mais que faut-il en conclure ? Vraisemblablement, à ce stade, rien d'autre si ce n'est que les satellites d'observation remarquent des phénomènes autrefois méconnus. Ils permettent notamment de retrouver au nord des ruptures de plaques de glaces flottantes qui ne prouvent rien et rappellent simplement que la glace est plastique, qu'elle coule très lentement vers la mer sous l'action de la pesanteur, elle-même renforcée par la masse de neige qui tombe en hiver.

Pour frapper l'opinion, on a indiqué que la surface de cette plaque, à savoir 26 000 hectares, représentait deux fois et demi la surface de la ville de Paris. Ce qui exact. Mais ladite plaque, qualifiée d'« énorme » par le journal, ne représente que 260/2 166 000 km^2 = 0,012 %

98. *Le Figaro* du mardi 10 août 2010.

de la surface du Groenland. Douze millionièmes de la surface de ce continent. Par ailleurs, le glacier Petermann va normalement continuer son bonhomme de chemin et refaire une plaque identique dans les années qui viennent...

La faiblesse des débits de glace issue du Groenland n'a rien d'étonnant. Comme sur l'Antarctique, les pluviométries, sous forme de neige, sont faibles. Le vent a tendance à chasser la poudreuse. Pendant l'été, les maigres rayons du soleil contribuent à la « sublimation » de la glace, c'est-à-dire à son passage direct de l'état solide à l'état gazeux. Même au Groenland et en Antarctique, il y a des pertes par évaporation, en l'occurrence par sublimation. D'où l'impact limité des deux continents blancs sur le cycle de l'eau mondial car si les stocks sont considérables, les flux sont faibles. Nous avons donc là deux grands déserts très stables. Pas plus que le Sahara, ils ne pourraient être d'une quelconque utilité pour l'humanité. Il vaudrait mieux les classer définitivement en réserve naturelle ou au patrimoine mondial de l'UNESCO, en interdisant toute activité risquant de perturber leur environnement.

Revenons en quelques mots sur la question de la fonte de ces masses de glace. En effet, le GIEC admet, sans l'exprimer explicitement, que durant les trente dernières années la contribution de la fonte des inlandsis, Antarctique et Groenland, à la montée du niveau des mers est incertaine et pourrait être négative. Les inlandsis auraient ainsi, peut-être, fait baisser le niveau de la mer. Donc le volume de leurs glaces aurait augmenté. On est très loin des 7 mètres de hausse du niveau des mers annoncée par M. Al Gore dans son film *Une vérité qui dérange*, hausse qui serait liée à une fonte totale du Groenland. Cette fonte totale ne s'est pas produite pendant le précédent âge interglaciaire, pourtant plus chaud que l'actuel. D'ailleurs, le GIEC rassure, ce qui est inhabituel, en soulignant qu'une fonte totale demanderait des millénaires. Avant que cela ne se produise, il est vraisemblable que la terre sera entrée dans une nouvelle période glaciaire. La dernière s'est achevée il y a 10000 ans[99].

Les glaciers de l'Himalaya

En dehors de l'Antarctique et du Groenland, le massif montagneux le plus grand et le plus haut de la planète regroupe la plus grande masse de glaciers du monde. On dénombre un total de 15000 glaciers individualisés dont la surface représente 500000 km², à peu près celle de la France continentale, et dont le volume global est estimé à 12000 milliards de m³. C'est beaucoup dans l'absolu, mais peu par rapport aux inlandsis, dont le volume s'exprime en millions de milliards de m³. La chaîne de l'Himalaya possède un très grand nombre de glaciers dont le Siachen, le plus long avec 70 km environ dans la chaîne du Karakoram au Pakistan. D'autres glaciers sont aussi très célèbres : le Gangotri et le Yamunotri (Uttaranchal), le Nubra, le

99. Source : André Legendre, *L'homme est-il responsable du réchauffement climatique ?, op. cit.*

Biafo et le Baltoro (région de Karakoram), le Zemu (Sikkim) et les glaciers de Khumbu (région de l'Everest).

Le **glacier de Siachen** est situé dans la partie du Cachemire administrée par l'Inde et revendiquée par le Pakistan : le massif du Karakoram. Il mesure 70 km de long et 700 km^2 de superficie, ce qui en fait l'un des plus longs glaciers du monde. Le **Baltoro,** un autre grand glacier, est long de 57 kilomètres et également situé dans la région du Karakoram. Il couvre 754 km^2. Ce glacier est bordé de quatre des quatorze sommets montagneux de plus de 8000 m, à savoir : le K2 (8611 m), deuxième plus haute montagne du monde après l'Everest; le Gasherbrum I (8068 m), onzième sommet du monde; le Broad Peak (8047 m), douzième sommet du monde et le Gasherbrum II (8035 m), treizième sommet du monde. Ces glaciers alimentent les puissants fleuves asiatiques : Indus, Gange, Brahmapoutre pour le sous-continent indien, l'Irrawaddy (en Birmanie), le Mékong, ainsi que le Yangzi Jiang et le Huang Ho en Chine.

Selon le dernier rapport du groupe II du GIEC, qui analyse les conséquences régionales du réchauffement, tous ces glaciers auront disparu en 2035. « Les glaciers de l'Himalaya reculent plus vite que dans n'importe quelle autre partie du monde, et, à ce train, la probabilité qu'ils disparaissent d'ici à 2035, peut-être plus tôt, est très grande si la terre continue à se réchauffer au rythme actuel. »

La polémique a porté sur la date de 2035, peu vraisemblable. La presse, prenant la défense du GIEC, a évoqué une faute de frappe. La vraie date de fonte totale serait, nous dit-on, 2350! De fait, cette « faute » existe déjà dans un rapport de 2005 du WWF[100]. Comme nous l'avons déjà indiqué, l'organisme onusien ne fonde pas ses conclusions uniquement sur des données scientifiques publiées dans des revues à comité de lecture. Il reprend à son compte un chiffre de cette ONG qui annonce bel et bien la fonte totale des glaciers himalayens en 2035. Comme son nom l'indique (*World Wildlife Fund* peut être traduit par « Fonds pour la vie sauvage mondiale »), le WWF est spécialisé dans la protection des espèces menacées. C'est une noble tâche, mais son expertise en climatologie n'a jamais été ni remarquable ni remarquée. Il est donc étonnant que le GIEC puise dans ce type de rapport des arguments d'ordre climatique pour aboutir à des recommandations à l'attention des décideurs politiques, qui vont engager les gouvernements du monde (*Summary for policy makers*). Il est vrai que si le GIEC a reçu un prix Nobel, c'est celui de la paix et pas un prix de science.

Au-delà de cette polémique, la vraie bonne nouvelle c'est que les glaciers de l'Himalaya ne fondent pas[101], ou tout au moins ne fondent pas tous. Certains avancent. Comme l'observe le géologue et glaciologue indien Vijay Kumar Raina, les vingt glaciers les plus importants connaissent des évolutions variées et contradictoires. Ainsi, entreprendre le bilan de masse des glaciers se révèle impossible ou injustifié. « En l'état actuel des connaissances, rien ne permet d'affir-

100. http://assets.panda.org/downloads/himalayaglaciersreport2005.pdf
101. Source : Hacène Arezki, *Climat, mensonges et propagandes*, Ed. Thierry Souccar, 2010.

mer que les glaciers en recul dans l'Himalaya le sont à cause du réchauffement global. »

De son côté, le glaciologue canadien Kenneth Hewitt a observé des inversions de tendance, notamment dans la chaîne du Karakoram. Sur site, ce glaciologue n'a observé qu'un seul glacier en recul pour quatre en progression. Il affirme que le rythme de recul des glaciers himalayens a été moins rapide ces trente dernières années que pendant les soixante précédentes. Dans l'ensemble du massif, ce rythme n'est pas plus élevé que dans le reste du monde. L'impact sur les grands fleuves asiatiques de ces évolutions, à la fois modestes et contrastées, est nul ou insignifiant. L'hydrologue américain Donald Alford précise que la contribution des glaciers au débit du Gange n'est que de 3 ou 4 %, le reste étant fourni par les pluies de moussons. C'est le même pourcentage en France, pour le bassin versant du Rhône. Les glaciers forment un stock d'eau temporaire mais ne sont pas, par eux-mêmes, une source d'eau. Dans le bilan final, seules comptent les précipitations globales sous forme de neige en altitude, et de pluies en moyenne montagne ou en plaines.

Le plus haut et le plus vaste massif montagneux du monde génère les débits impressionnants des fleuves qui en sont issus, non pas à cause des glaciers, mais par l'abondance des précipitations de la mousson, que ces précipitations tombent sur un glacier (parfois) ou ailleurs (le plus souvent). Le froid intense, l'évaporation et l'évapotranspiration faibles ou nulles en altitude, les pentes fortes, les rochers imperméables donnent un coefficient de ruissellement très élevé. Les trois grands fleuves indiens, à savoir l'Indus, le Gange et le Brahmapoutre, offrent une abondance brute cumulée, somme des volumes annuels à l'embouchure, de 1200 milliards de m^3. Si cette masse colossale n'était due qu'aux glaciers qui, par hypothèse, fondraient intégralement, et dont le volume, cité ci-dessus, est de 12000 milliards de m^3, ces trois fleuves seraient à sec dans dix ans.

Colère du président du GIEC

Furieux que le rapport du GIEC sur la fonte des glaciers de l'Himalaya soit mis en cause par l'un de ses compatriotes et son gouvernement, le président du GIEC a qualifié son propre gouvernement d'« arrogant », et le travail réalisé par le Pr Raina de « science vaudoue ». Poussé à la défensive, M. Murari Lal, coordinateur du chapitre sur l'Asie du fameux rapport, par ailleurs alerté sur l'absurdité d'une fonte totale en 2035, avoue crûment la dimension politique du message. « Cela concerne de nombreux pays de la région et leurs ressources en eau. Nous avons pensé que si nous pouvions mettre ce sujet en lumière, cela aurait un impact sur les hommes politiques et les encouragerait à prendre des mesures concrètes[102]. » On reconnaît ici la « méthode GIEC » : inquiéter l'opinion, les médias et les gouvernements, même si les données qui permettraient de fonder de nouvelles politiques sont, pour le moins, fragiles ou carrément farfelues.

102. *Ibid.*

L'origine anthropique du « changement climatique », affirmée dans le titre (« IPCC, International Panel on ***Climate Change*** ») et dans les statuts de ce groupement, le met dans l'embarras lorsque des publications scientifiques dont la valeur est reconnue disent l'inverse. Il arrive en outre que son président perde son sang-froid. Il est vrai que M. Pachauri est également actionnaire et membre du conseil d'administration du CCX, à savoir le Chicago Climate Exchange, la nouvelle Bourse chargée d'acheter et de vendre les « droits à polluer » mis en place par le protocole de Kyoto. Comme pour toute Bourse, les transactions sont facturées et ses administrateurs ont droit à des jetons de présence. De plus, il est directeur général (rémunéré) du TERI (The Energy and Ressources Institute), organisme de recherches indien privé, financièrement soutenu par le groupe Tata et le TERI a su lever des crédits de recherche sur la fonte « dramatique » des glaciers himalayens et a recruté un glaciologue convaincu de cette fonte dans les quelques années qui viennent. Il s'était trompé de 300 ans.

13

Bienfaits et risques des barrages

Toute intervention humaine sur la nature est aujourd'hui considérée comme sacrilège. Nous allons voir qu'elle peut être bénéfique. Sacrilège n'est pas un qualificatif inadapté : en effet, au printemps 2012, des tribus d'Indiens américains protestent contre la construction d'un parc solaire dans un désert du sud de la Californie car il vient, disent-ils, troubler l'esprit de leurs ancêtres ! Sacrilège, donc.

Les barrages prisés comme « ouvrage d'art » il y a à peine un demi-siècle sont aujourd'hui décrits comme des troubles majeurs d'une nature mythifiée. Pourtant, un barrage sur un cours d'eau permet la régulation de son débit, favorise l'irrigation des cultures avoisinantes, la prévention des crues et des inondations et, s'il est équipé d'écluses, le trafic fluvial. En amont de ce barrage se constitue un lac artificiel qui peut favoriser les activités touristiques. Enfin, sous certaines conditions, un barrage autorise la production de force motrice. Les moulins à eau s'en servaient autrefois, aujourd'hui, il s'agit surtout de production d'électricité, on les qualifie alors de « barrage hydroélectrique ».

Afin d'illustrer leurs intérêts, mais aussi rappeler les controverses, voire les passions, qu'ils soulèvent, nous prendrons, après quelques considérations générales, l'exemple des barrages établis sur le Rhône et ses affluents, puis nous voyagerons sur le Nil et évoquerons bien entendu le barrage d'Assouan. Dans un autre chapitre nous approfondirons les questions stratégiques en prenant, cette fois, le cas des barrages construits sur l'Euphrate et le Tigre, en Turquie, en Syrie et en Irak. Nous reviendrons également sur le Nil pour évoquer les conflits potentiels entre l'Ethiopie, le Soudan et l'Egypte.

Un peu d'histoire

Les Romains déjà construisaient des barrages. Ainsi, en Espagne, dans la région de Mérida, le Cornalvo, d'une hauteur de 12 à 19 mètres, construit vers 25 av. J.-C., existe encore et fonctionne toujours. Toutefois, c'est au Moyen Age qu'ils se sont développés en Europe pour alimenter les moulins à eau. Les cartes anciennes reportent l'existence de très nombreux barrages sur les petites rivières ; réalisés par les paysans ou les moines locaux, ils conservaient l'eau, permettaient d'y élever du poisson et de rouir[103] le lin ou le chanvre. Il semble d'ailleurs qu'ils aient pu s'appuyer sur les lieux choisis par les castors[104].

103. Le rouissage est une macération de la plante qui permet ensuite de séparer plus facilement la fibre de l'écorce.

104. En Français, *bief* et *bièvre* sont les anciens noms de castor, d'où la Bièvre à Paris. Castor en anglais se dit *beaver*.

Quelques précisions techniques sur les barrages

La digue en est l'élément essentiel. Entre 1930 et 1960, elles étaient en béton ; on en trouve encore de nombreuses dans les Alpes françaises. Cette technique a été abandonnée à la suite d'accidents dus notamment au vieillissement de ce matériau.

Aujourd'hui, les barrages sont faits en terre, matériau peu coûteux, disponible partout et facile à mettre en œuvre[105]. La terre n'est pas un matériau étanche à 100 %, différentes techniques sont utilisées pour l'imperméabiliser : voile mince en béton, noyau en argile, etc. De légères pertes d'eau subsistent néanmoins. Elles sont mesurées et gérées par l'exploitant.

L'organe le plus important, outre la digue elle-même, est l'évacuateur de crues. Même lorsqu'un barrage peut encaisser plusieurs années d'écoulement moyen annuel (cas du barrage d'Assouan), tout barrage a besoin d'un trop-plein pour les crues exceptionnelles, c'est l'évacuateur. L'énergie de l'eau déversée en cas de crue est forte, il faut alors la dissiper au moyen d'ouvrages en matériaux résistants, généralement du béton armé.

La différence de cote entre l'évacuateur de crue et la

105. La section du barrage en terre aura la forme d'un trapèze. La crête aura une largeur de quelques mètres, les talus auront une pente de 3 m de base pour 1 de hauteur le plus souvent, et ils seront recouverts d'enrochements pour assurer leur stabilité et leur résistance aux vagues, pour le talus amont, et à l'érosion pluviale, pour le talus aval. L'épaisseur s'accroît avec la profondeur de l'eau à retenir, ainsi un barrage de 100 m de haut pourra avoir à sa base une largeur d'au moins 600 m.

digue s'appelle la «revanche», c'est-à-dire la hauteur de la lame d'eau déversante qui peut être acceptée. Rappelons une évidence, mais elle est d'importance : si le barrage déverse sur trois mètres de hauteur, c'est l'ensemble du plan d'eau qui s'élève de trois mètres. Il faudra donc du temps pour évacuer toute cette eau stockée. Même quand un barrage est plein, toute crue sera provisoirement partiellement retenue, ou «laminée», pour utiliser le langage des spécialistes.

Si plusieurs barrages ont été construits en cascade sur le même cours d'eau, l'onde de crue est de plus en plus amortie au fur et à mesure que l'on descend vers l'aval. La construction de barrages en cascades permet progressivement de récupérer toute l'eau de ces crues, le risque d'inondation s'amenuise et toute l'eau aura servi à fabriquer de l'électricité. Ce dispositif, appelé «aménagement intégré de bassin versant», est fréquent en France, notamment sur la Dordogne ou sur l'Ain.

L'autre intérêt majeur est de réguler le cours de la rivière en période sèche et donc de continuer à produire de l'électricité même quand il ne pleut pas. Soulignons encore que la production d'électricité ne consomme pas d'eau, elle récupère son énergie, et que la notion de «partage de l'eau» entre différents usagers potentiels n'a aucun sens dans le cas des barrages hydroélectriques.

Si les plans d'eau des barrages subissent des pertes par évaporation, elles sont négligeables en pays tempérés ou froids (barrages du complexe de Grand Rivière au Québec), mais peuvent atteindre deux mètres d'eau par an à Assouan. Toutefois, le montant de ces pertes peut être largement compensé par l'absorption des crues. En effet, avant la construction du barrage, toute l'eau s'écoulait vers la mer, elle pouvait être dévastatrice et son énergie perdue.

Les autres organes du barrage sont le ou les ouvrage(s) de prises, pour turbiner l'eau, ou pour l'irrigation, et la vidange de fond, permettant de chasser les alluvions qui s'accumulent. L'usine électrique, lorsqu'elle existe, est dimensionnée pour turbiner l'écoulement moyen annuel ou la crue de fréquence annuelle.

La houille « blanche »

Pour la seule production hydroélectrique, EDF gère en France 640 barrages et 447 centrales. En 2007, ces ouvrages ont produit 63 milliards de kilowattheures (kWh), soit 11,6 % du total de la production électrique nationale, pour une puissance installée de 25000 mégawatts (MW). De leur côté, les centrales nucléaires produisaient 418 milliards de kWh (77 % du total) et les centrales thermiques 58 milliards de kWh (10,7 %). Les autres énergies renouvelables apportaient 0,7 milliard de kWh, soit 0,1 %. Grâce au nucléaire et à l'hydraulique, la France est donc la championne du monde pour sa production d'électricité sans émission de CO_2.

Depuis 1973, la production hydroélectrique a augmenté puis cesse de croître en 1980 pour baisser en pourcentage, tous les sites potentiels ayant été équipés. Elle ne représente qu'un peu moins de 12 % du total aujourd'hui, mais elle pointait à 26 % en 1973. En revanche, l'électricité d'origine nucléaire passe de 8 % à 78 % durant la période.

La maîtrise du Rhône

Les premiers ouvrages sur ce fleuve remontent à la fin du XIXe siècle, notamment dans les Alpes. La « houille blanche », comme on l'appelait à l'époque, a permis l'industrialisation des vallées alpines. L'énergie était peu coûteuse et rendait compétitive la fabrication de matières premières, comme l'aluminium, à partir de procédés utilisant l'électrolyse.

Dans les années 1930, la construction du barrage de Génissiat et la mise en place de la Compagnie nationale du Rhône lançaient l'aménagement complet du fleuve. Aujourd'hui, le Rhône n'est qu'un grand escalier alignant vingt-deux ouvrages de Genève à la mer. Chancy-Pougny en Suisse, Génissiat, Seyssel, Motz, Lavours, Champagneux, Villebois, Villeurbanne-Cusset, Pierre-Bénite, Vaugris, Saint-Pierre-de-Bœuf, Arras, Bourg-lès-Valence, Charmes, Le Pouzin, Châteauneuf-du-Rhône, Bollène, Caderousse, Avignon, Sauveterre, Beaucaire.

En 2007, 15,5 milliards de kWh ont été produits par les 21 barrages français du Rhône. Outre la production d'énergie non polluante et indéfiniment renouvelable, ils ont permis de réguler les crues, de développer la navigation sur l'axe Rhône-Saône, mode de transport peu consommateur d'énergie, donc plus « écologique »

que les autres, et de mieux alimenter en eau potable les grandes villes et les périmètres irrigués.

Un bilan écologique positif

Le bilan écologique, l'impact sur la biodiversité ne semblent pas être négatifs. La faune piscicole est « normale », même si elle s'est enrichie de poissons exotiques comme le hotu. Les poissons, migrateurs ou non, utilisent les éclusées pour descendre ou remonter le fleuve, ce qui rend inutiles les « échelles à poissons ». Les cygnes se plaisent dans ce biotope, notamment dans le centre de Lyon. Les castors sont revenus, ainsi que la loutre d'eau douce. Une piste cyclable est en cours d'aménagement, qui reliera la Suisse à la Camargue en longeant les berges, souvent endiguées.

Les équipements artificiels sont aussi « écologiques ». Les associations de protection de la nature ont acquis une maîtrise de l'écologie scientifique ; elles connaissent les animaux, les plantes et leurs habitats. Elles apportent, par leur expertise, une plus-value aux aménageurs qui les consultent en amont des projets. Ainsi, le seul aménagement de zones de berges à pente faible, aux lieu et place de talus raides, permet la croissance des roseaux et la nidification des oiseaux aquatiques de la grande famille des Anatidés : canards, cygnes, oies, poules d'eau, etc. Une mesure simple, peu coûteuse, mais qui, sur le conseil des spécialistes de l'habitat et des biotopes, permet de maintenir ou d'enrichir la biodiversité.

De nombreuses expropriations ont été nécessaires, à l'époque, pour réaliser les canaux de dérivation, les ouvrages annexes, refaire certains ponts, aménager des ports et des zones industrielles grâce aux outils permettant la maîtrise du foncier en France : droit de préemption urbain en ville, droit de préemption des SAFER[106] en zones rurales, achats amiables, qui règlent 90 % des cas s'il y a procédure d'expropriation pour cause d'utilité publique.

Serre-Ponçon et l'eau vive : un progrès?

Un film, *L'Eau vive*, dont tous les plus de soixante ans se souviennent encore, racontait le drame des habitants d'Ubaye, chassés de leur village des Hautes-Alpes englouti par les eaux du barrage de Serre-Ponçon. Une chanson composée et chantée par Guy Béart était devenue un «tube». Deux villages entiers furent détruits puis reconstruits : Ubaye et Savines, rebaptisé Savines-le-Lac, entraînant le déménagement forcé de plus de mille personnes. Comme l'illustre le film, l'argent n'a pas suffi, il ne suffira jamais, à effacer le traumatisme humain : dynamitage des églises, des maisons, déplacement du cimetière, anéantissement des souvenirs récents ou lointains.

Aujourd'hui, le plus grand plan d'eau artificiel de France reflète dans ses eaux bleues les montagnes de l'ancienne province du Dauphiné. Les loisirs nautiques se sont développés sur ce lac de 28000 hectares. Il fait

106. Société d'aménagement foncier et rural.

partie des paysages des Hautes-Alpes et a trouvé sa place dans l'imaginaire collectif du département et de la région Provence-Alpes-Côte d'Azur. Enfin, pour un volume de 1,2 milliard de m³ et une puissance installée de 380 MW, le barrage produit 700 millions de kWh et assure 100 % des besoins du département des Hautes-Alpes. Il est vrai que ce département est peu peuplé : avec 130 000 habitants, il représente la moitié du seul 15ᵉ arrondissement de Paris.

Ce barrage prévient les inondations

« Parlement, mistral et Durance, sont les trois fléaux de Provence », disait-on aux siècles passés. Ce dicton rappelle les ravages de cette rivière à forte pente et fort débit. Les drames de 1843 et de 1856 se racontent encore. Si le mistral est toujours là, la Révolution a supprimé les parlements corrompus et inefficaces de l'Ancien Régime que leur justice rendait odieux et les crues de la Durance ont disparu. Elles sont absorbées, « encaissées », « laminées » par le lac réservoir de Serre-Ponçon.

Après l'usine principale, en pied de barrage, un long canal turbine 300 m³ par seconde, sur une quinzaine de chutes plus modestes, avant de se jeter dans l'étang de Berre. Au passage, il permet l'irrigation de 100 000 hectares et l'approvisionnement en eau des villes de Salon-de-Provence et de Marseille. Une autre branche du canal part vers Toulon et la côte varoise.

Tous ces aménagements n'ont pas modifié fondamentalement les volumes d'eau que la Durance apporte au Rhône ou à l'étang de Berre, mais les crues annuelles, piégées dans le barrage, permettent à la fois production énergétique et ressource en eau pour l'irrigation, différée dans le temps pour être utilisée en période sèche, après les crues de printemps liées à la fonte des neiges. De plus, les eaux de crues stockées vont être turbinées une première fois sur 100 mètres de hauteur de chute, au droit du barrage, puis sur un total de près de 700 mètres, grâce aux quinze centrales EDF établies sur le canal entre Serre-Ponçon et l'étang de Berre. D'où une utilisation maximale de l'énergie potentielle.

A chacun aujourd'hui de pondérer bienfaits techniques et drames humains et de dire de quel côté penche la balance. Réflexion plus philosophique que pratique car, sans trop s'avancer, il est vraisemblable qu'un projet de cette importance ne verrait plus aujourd'hui le jour en France.

Assouan : là aussi un bilan positif

Pour ceux, bien au fait des histoires d'eau, le barrage d'Assouan est celui qui a vraisemblablement fait couler le plus d'encre.

Sans le Nil, l'Egypte du temps des pharaons, la plus ancienne civilisation de notre histoire, ne serait jamais apparue. Mais, sans le barrage d'Assouan, l'Egypte d'aujourd'hui serait autre. Créé et voulu par Nasser et inauguré en 1973, l'ouvrage a une hauteur de 111 m. La retenue stocke 157 milliards de m^3, la surface du lac est de 525 000 hectares. Tout est grand dans ce barrage, comme l'était en son temps la pyramide de

Chéops, qui reste plus haute que lui. La puissance installée de 2100 MW permet une production d'énergie annuelle de 10 milliards de kWh. Il irrigue 700000 hectares auxquels s'ajoute un projet de 300000 hectares supplémentaires dans le désert libyque. Il nécessitera un canal de 300 km mais le Nil après Assouan débite de quoi irriguer une telle surface.

Ce barrage stocke presque deux fois le volume moyen annuel apporté par le fleuve, estimé à 90 milliards de m^3. Il encaisse les crues et reporte les excès des années humides vers les années sèches, les « vaches grasses et vaches maigres » de la Bible. Le débit du Nil est devenu constant, à l'aval d'Assouan, autour de 2500 m^3/s. On se souvient du cauchemar du pharaon à l'époque où les Hébreux étaient prisonniers d'Egypte et son rêve interprété par Joseph, fils de Jacob, conseiller du souverain. Il mit en place une politique de stockage des céréales pour que l'Egypte ne meure pas de faim les années de vaches maigres. Les peurs liées aux variations du climat et les précautions pour tenter d'y faire face ne datent pas d'aujourd'hui.

On reproche à Assouan de bloquer le « limon ». Mais le « précieux » limon d'hier est devenu une vase gênante. Les méthodes actuelles d'agronomie, économes en eau, que sont l'aspersion et le goutte-à-goutte, utilisent des orifices très fins, or le limon les encrasse ou les obture. Par ailleurs, il se dépose au fond des canaux, quand ils existent, et gêne le fonctionnement des vannes. Aujourd'hui, pour l'essentiel, cette vase – il s'agit de la même matière – se dépose au fond du lac Nasser qui, sans dragage, sera comblé, si rien n'est fait, dans cinq cents ans.

A l'époque des pharaons, l'irrigation était limitée. Il s'agissait principalement de culture de décrue. On attendait que le Nil monte jusqu'à son maximum, en septembre ou octobre, puis on semait sur les terrains libérés progressivement par sa décrue, là où s'était déposé le limon. Comme la fertilité d'un sol relève en effet aussi de sa texture, le limon apportait des éléments fins à des sols initialement sableux, il améliorait ces sols, mais les rendements en céréales ne dépassaient pas 500 kg par hectare, soit vingt fois moins que ne produisent aujourd'hui les terres irriguées de la vallée du Nil. La «révolution verte» (génétique, engrais, fongicides, herbicides) est passée par là.

La vallée du Nil passe de une à trois récoltes

Le premier bénéfice agronomique d'Assouan est d'irriguer en permanence, douze mois sur douze, ce qui permet jusqu'à trois récoltes par an[107]. L'apport d'engrais est bien entendu indispensable pour obtenir des rendements élevés qui contribuent à nourrir les 84 millions d'habitants du pays. Rappelons que ces engrais «chimiques» sont tout à fait «naturels» : phosphate et potasse sont des roches que l'on extrait de mines, quant au troisième élément essentiel, l'azote, il vient de l'urée, naturellement présente dans le fumier ou le compost. On peut aussi la fabriquer par synthèse,

107. Ou même beaucoup plus pour le maraîchage. Les légumes sont des espèces à cycle court, de un ou deux mois. Sous le climat égyptien, lumière et chaleur favorisent la photosynthèse et tout pousse très vite en culture irriguée.

mais c'est la même molécule[108]. Elle ne diffère en rien, ni de l'urée « naturelle » produite par les animaux et récupérée dans le fumier, ni de l'urée « naturelle » des humains, qui rejoint les égouts avant son épuration. La frontière, si elle existe, entre « chimique » et « naturel » est souvent ténue ou nulle, et relève d'une appréciation subjective, surtout pour les molécules simples que sont les oxydes du phosphore, de la potasse ou d'azote.

Le second grand apport agronomique de ce barrage est que les 700 000 hectares irrigués de l'Egypte contemporaine sont devenus d'excellents sols, qui n'ont plus besoin d'un apport supplémentaire de limon, bienvenu sous Ramsès II. L'irrigation améliore en effet la structure des sols en apportant de l'argile en suspension dans l'eau à l'état colloïdal[109]. Un bon sol, ou un sol « riche », c'est d'abord un support plat pour être facile à travailler, sans cailloux ou sans trop de cailloux. Il doit être profond, un mètre minimum afin que les racines descendent et trouvent l'eau et les éléments fertilisants dans une tranche suffisamment épaisse. Ce sol doit avoir une texture équilibrée se répartissant entre un tiers d'argile, un tiers de limon et un tiers de sable. L'humus lié aux résidus de récoltes, à l'enfouissement des chaumes et des racines vient compléter l'argile

108. $CO(NH_2)_2$.

109. Les particules fines de l'argile s'unissent avec l'eau pour former une sorte de « colle » stable. D'où leur état « colloïdal ». Contrairement aux particules de limon, beaucoup plus grosses, l'argile fine reste suspendue dans l'eau et ne décante pas sous l'influence de la pesanteur. Elle n'obstrue pas les canaux, les tuyaux ou les systèmes de goutte-à-goutte, mais elle améliore la texture du sol. La teneur en argile des eaux brutes en provenance d'Assouan peut être estimée à un gramme par litre, ce qui représente un gros apport pour les sols lorsque l'on irrigue pendant des siècles.

pour former un complexe argilo-humique qui est le «coffre-fort» permettant de stocker l'eau et les éléments fertilisants, et de les rendre aux plantes quand elles en ont besoin.

Le barrage a mis définitivement tout le pays à l'abri des crues. Qui pourrait aujourd'hui supporter la submersion pendant de longs mois et les dégâts occasionnés aux infrastructures comme les canaux, les chemins d'exploitation, les cultures pérennes, les fermes ou les maisons? L'agriculteur moderne souhaite que son champ reste accessible douze mois sur douze, il maîtrise ainsi le calendrier des façons culturales pour deux, voire trois récoltes par an.

Soulignons enfin que le débit du Nil sous les ponts du Caire ne devrait guère changer : 2500 m^3/s. Les deux branches de Rosette et de Damiette se partagent chaque année 90 milliards de m^3 qui se jettent dans la Méditerranée, cela après toutes les consommations liées à l'évaporation sur le lac Nasser (10 milliards de m^3), l'irrigation et les usages domestiques des 84 millions d'habitants concentrés sur les bords du fleuve le plus long du monde. Le débit du Nil à son embouchure est de 50 % supérieur à celui du Rhône à son embouchure dans la même mer (56 milliards de m^3)[110].

Les procès contre les barrages

Les écologistes reprochent aux barrages la destruction d'écosystèmes, le blocage du limon, les déplace-

110. Le fleuve le plus puissant alimentant la Méditerranée est le Danube, par l'intermédiaire de la mer Noire.

ments de population, la consommation d'espace, la pollution, l'impossible remontée des poissons migrateurs, etc. Tout cela n'est pas toujours sans fondement, nous l'avons vu, mais l'est le plus souvent, alors que leur opposition est systématique. Ce fut le cas du barrage des Trois Gorges en Chine, c'est le cas des projets sur le Mékong, sur l'Amazone ou sur d'autres fleuves d'Amérique du Sud. Les médias prennent le relais, feignent le plus souvent d'ignorer qu'après construction de l'ouvrage l'électricité d'origine hydraulique ne produit pas de dioxyde de carbone, permet de nourrir des milliards d'êtres humains, et que la navigation fluviale est moins polluante que d'autres moyens de transport.

On peut classer les arguments des écologistes en deux catégories : les arguments relatifs au milieu naturel, donc écologiques *stricto sensu*, et les arguments de type social, sanitaire ou historique, comme le déplacement des populations, les maladies liées à l'eau ou la disparition de vestiges archéologiques. Certains de ces arguments ne sont pas fondés, d'autres le sont et relèvent de la négociation et de l'arbitrage politique après analyse du coût et du bénéfice de l'ouvrage.

Les barrages accroissent la biodiversité

La biodiversité serait ruinée par certains barrages, dit-on. Il semble que cet argument ne tienne pas. En effet, c'est l'inverse qui est vrai, et cela pour tous les barrages de la planète, à l'exception ponctuelle de la remontée de poissons migrateurs en zones froides ou tempérées, notamment le saumon et l'anguille.

Les plans d'eau douce sont peu nombreux sur terre. Ils ne couvrent pas 1 % des terres émergées qui elles-mêmes ne couvrent que 29 % de la surface du globe. La biodiversité dans les milieux d'eau douce est très inférieure à celle du milieu marin. Le nombre d'espèces de poissons d'eau douce ne dépasse pas quelques milliers... On en compte seulement une petite centaine en France, contre 30 000 espèces dans les mers et océans. Outre les poissons, on peut citer aussi les crustacés, notamment les écrevisses et les crevettes d'eau douce, les bivalves, notamment les moules d'eau douce, les autres mollusques, etc. Les plantes aquatiques d'eau douce sont également peu nombreuses, roseaux, nymphéas, sans compter les algues, les mousses ou les fougères.

Les plans d'eau artificiels deviennent vite des lacs « naturels », si l'on entend par là le fait que la nature sauvage s'y installe. En zone tropicale d'Afrique, les poissons y pullulent rapidement, et leur pêche apporte un important complément alimentaire, riche en protéines, souvent supérieur à celui que pouvaient donner les anciennes terres immergées dans le lac du barrage. Les oiseaux migrateurs, notamment les Anatidés, y font escale ou y nichent, de même que les échassiers. L'eau attire le crocodile du Nil (*Crocodilus niloticus*), très abondant sur le continent, de même que les hippopotames sur les grands plans d'eau. Les autres mammifères sauvages, herbivores ou carnivores, peuvent s'y abreuver. On connaît la passion des éléphants pour l'eau, tant pour boire que pour se baigner, se rouler dans la boue et se débarrasser ainsi de leurs parasites.

Indirectement, tous les plans d'eau douce favorisent la biodiversité dans l'eau et hors de l'eau.

Dans le cas de l'Afrique tropicale, les nouveaux milieux aquatiques sont beaucoup plus riches que les écosystèmes de forêt, de savane ou de sahel auxquels ils se substituent. De plus, la digue en terre n'étant jamais totalement étanche, il se crée toujours des milieux humides à l'aval des barrages, parfois sur de vastes surfaces, riches en espèces hydrophiles naturelles : palmiers raphias, ou palmiers rôniers (*Borassus sp.*) ou cultivés, dont le riz.

Les crues « naturelles » peuvent être destructrices pour certains écosystèmes, de même que les étiages sévères ou absolus des grandes années sèches. Alors, plusieurs dizaines d'années « normales » seront nécessaires pour reconstituer l'écosystème préexistant, détruit par une crue ou la sécheresse. En régulant les crues et en soutenant les étiages, les barrages contribuent donc au maintien de milieux humides fragiles.

Enfin, les barrages participent à la recharge des nappes phréatiques, et ils sont un fort moyen de lutte contre l'érosion, car l'énergie destructrice de l'eau est récupérée pour être transformée en électricité ou dissipée de manière maîtrisée. La vitesse moyenne de l'eau est abaissée dans le bassin versant, surtout si plusieurs barrages sont installés en cascade.

Toutefois, ils peuvent empêcher la remontée du saumon et de l'anguille

Les plans d'eau douce, y compris naturels, seraient tous empoissonnés, y compris des lacs d'altitude dans les Alpes. Or aucun poisson ne peut remonter des cascades naturelles de plusieurs centaines de mètres. La façon dont les poissons d'eau douce parviennent à coloniser certains de ces milieux reste pour partie mystérieuse. On suppose le transport d'œufs ou de poissons encore vivants relâchés par des oiseaux de proie. L'installation d'échelles à poissons, notamment pour les saumons, peut être réalisée sur des ouvrages de basse chute, mais elle est impossible pour des barrages de 100 mètres de hauteur. Dans ce cas, l'empoissonnement artificiel est une bonne réponse. Le long des cours d'eau navigables, les poissons descendent ou remontent en utilisant les éclusées, notamment les anguilles.

Le saumon d'élevage remplace dans l'alimentation, un peu partout dans le monde, le saumon sauvage. Les anguilles, dont les deux tiers de la respiration se font par leurs peaux, parviennent à peupler les mares en serpentant dans l'herbe humide, pendant la nuit. Elles peuvent survivre plusieurs jours hors de l'eau. Les jeunes civelles[111] parviennent à remonter des murs verticaux, s'ils sont couverts de mousse. La surpêche, notamment des civelles « remontantes », apparaît comme la vraie raison de la baisse du peuplement d'anguilles en France, beaucoup plus que les barrages de l'Hexagone. Il n'y a jamais eu d'anguilles dans les torrents des Alpes, cette espèce ne vit qu'à basse altitude.

111. Les jeunes anguilles revenant de la mer des Sargasses.

La pollution

La construction de barrages serait source de pollution. On ne voit pas bien ni pourquoi ni comment ils le seraient particulièrement, c'est même le contraire que l'on observe. Si, par hypothèse, le cours d'eau est pollué en amont, il devrait l'être moins en aval, le barrage permettant l'oxygénation par sa surface, favorable à la destruction de la matière organique par les bactéries présentes dans le milieu naturel. Le turbinage, et surtout la dissipation de l'énergie à l'aval de l'ouvrage, oxygènent l'eau de manière efficace, comme le font les stations d'épuration communes. Les objets flottants sont bloqués par des grilles, en amont sur le plan d'eau. Le bois naturel, mais aussi certains plastiques flottants, sont dégrillés, puis dirigés vers un traitement de déchets approprié, par exemple l'incinération. Les barrages font le « ménage » des objets flottants indésirables, notamment à la suite des crues.

Les canaux de dérivation

Dans le cas du Rhône, la plupart des barrages hydroélectriques ont été construits sur des canaux de dérivation, parallèles à l'ancien lit. Ce dernier reçoit un « débit réservé » prévu par les textes en vigueur en France. Le milieu aquatique dans le « vieux Rhône » est donc préservé, même si le débit y est dix ou vingt fois inférieur à ce qu'il était. Cela n'a pas que des inconvénients pour la baignade, les sports nautiques, le camping, les paysages, ou certains animaux, notamment les cygnes, qui préfèrent les vitesses lentes ou nulles.

Les glissements de terrain

Au moment du remplissage de la cuvette, il est exact que le risque de glissement de terrain est accru. Mais il appartient aux ingénieurs du projet d'étudier ce risque et de prendre les mesures nécessaires : déblaiement de la zone, confortement, construction de terrasses pour ralentir l'érosion pluviale, etc. Les rives de la cuvette devront être surveillées tout au long de la vie de l'ouvrage, notamment dans les zones montagneuses où les pentes sont fortes. C'est un problème technique qui s'applique aussi aux glissements de terrain pouvant menacer une route, une autoroute ou une ville.

Les maladies liées à l'eau

Les lacs naturels n'accroissent pas la prévalence des maladies liées à l'eau. Il n'y a pas plus de paludisme, d'onchocercose, de bilharziose ou de maladies diarrhéiques au bord des lacs Victoria, Tanganyika, Malawi, Tchad et autres lacs tropicaux. Aucune étude n'a pu démontrer que les pêcheurs d'Afrique noire souffraient plus de ces maladies que le reste de la population. Les lacs artificiels de barrage ne sont pas un facteur aggravant de ces maladies, qui précédaient leur construction. Les poissons sont friands des larves de moustiques. Ces derniers se reproduisent dans des mares ou flaques provisoires, un vieux pneu, une calebasse, un vieux bidon, une zone urbaine mal drainée, et non dans les grands lacs ou cours d'eau. De même que le vibrion cholérique dont la prolifération est due à l'absence d'assainissement. La bilharziose est une maladie parasitaire qui nécessite de rester durablement dans l'eau ou dans la boue, afin que la peau se ramollisse, ce qui permet le passage du parasite. Elle n'est que très rarement mortelle, et la chimiothérapie est efficace. Elle frappe surtout les riziculteurs, hommes, femmes et enfants qui pataugent dans la boue pour préparer le sol et repiquer le riz. Mais la riziculture irriguée qui couvre des centaines de millions d'hectares n'implique pas nécessairement la construction de barrages. La prévalence de cette maladie est la même avec ou sans barrage. En zones tropicales, la prévalence des maladies liées à l'eau est indépendante de l'existence de lacs naturels et artificiels. Elle est due au manque d'eau potable, ce qui n'a rien à voir, et surtout à la pauvreté et son corollaire, l'ignorance, qui empêchent la construction d'un forage, le port de bottes dans les rizières, l'achat de moustiquaires imprégnées, un meilleur assainissement pluvial empêchant la prolifération des moustiques ou du choléra, une meilleure hygiène de vie.

Outre ces arguments écologiques *stricto sensu*, examinons rapidement les arguments sociaux avancés par les opposants aux barrages.

L'expropriation et le déplacement des populations

Il n'y a pas de barrage sans inondation définitive de terres qui n'étaient pas inondables. Il n'y a pas de barrage sans expropriation. Il n'y a pas de barrage sans drame humain.

En France, il existe de nombreux dispositifs permettant à la collectivité nationale ou aux collectivités locales de maîtriser le foncier bâti ou non bâti, faute de quoi, aucun équipement public et donc aucun urbanisme, aucune infrastructure ne serait possible, ni par voie de conséquence aucun développement économique et social.

Les communes ou leurs groupements ont le droit de préemption, qui leur permet d'acheter tous types d'immeubles, appartements, terrains en vue d'opération d'urbanisme, construction d'équipements publics, ouvertures de nouvelles voiries, à l'occasion de chaque mutation chez un notaire. L'action foncière est un élément stratégique pour toute agglomération. Acheter, revendre, gérer des stocks fonciers sont des opérations essentielles pour leur développement. Les élus locaux ne s'y trompent pas. En milieu rural, ce sont les SAFER (Sociétés d'aménagement foncier et rural) créées par le général de Gaulle qui assurent cette fonction. En dernier ressort, c'est l'expropriation pour cause d'utilité publique qui est utilisée, comme le permet l'article 17 de la Déclaration des droits de l'homme de 1789. « La propriété étant un droit inviolable et sacré, nul ne peut en être privé, si ce n'est lorsque l'utilité publique, légalement constatée, l'exige évidemment, et sous la condition d'une juste et préalable indemnité. » Tout est dit.

Ces différents dispositifs ont permis d'établir les barrages de la haute vallée de la Seine qui protègent Paris des inondations, les barrages du Chambon, de Tignes, de Serre-Ponçon et autres barrages alpins. Mais ils ont permis aussi de faire le réseau d'autoroutes, les TGV, les aéroports, l'aménagement du littoral du Languedoc-Roussillon ou celui du quartier de la Défense. Naturellement, l'expropriation ne va jamais sans heurts pour des raisons bien compréhensibles.

Les Chinois et les Turcs ont rencontré les mêmes problèmes pour le barrage Atatürk ou le barrage des Trois Gorges, même s'il est vraisemblable que les indemnisations ont été modestes... Les projets du Brésil sur l'Amazone, ou ceux du Laos, concerneront des régions très sous-peuplées. Les Québécois ont su négocier avec les tribus indiennes locales des compensations pour le complexe de Grande Rivière. En Afrique tropicale, le foncier est souvent resté propriété de l'Etat, dans la foulée du droit colonial. L'indemnisation ne porte alors que sur les habitations et les plantations pérennes (manguiers, café, cacao, etc.). Pour la construction du barrage de Kossou, le régime ivoirien de l'époque (années 1960-1970) avait créé une structure spécifique pour gérer les « déguerpis », selon l'expression consacrée en français d'Afrique. Le Ghana en avait fait autant dans les années 1960 pour le barrage d'Akosombo, avec la nécessité de « libérer » 850 000 hectares.

Entre 1990 et 2000, la construction du barrage d'Alqueva au Portugal pour irriguer la plaine aride de l'Alentejo a nécessité la destruction intégrale du village de Luz (400 habitants). Ce dernier a été reconstruit à l'identique. Le « cas » de ce barrage européen récent a été analysé sous tous ses aspects juridiques, sociologiques, anthropologiques par Fabienne Wateau[112]. Une équipe d'accompagnement formée d'un sociologue, d'un ingénieur agricole, d'un historien et d'un architecte a été placée dans le village, pendant toute la durée du processus. En 1996, le relevé systématique de toutes les maisons a été réalisé. En 1999, le nouveau village, visitable à pied depuis l'ancien, devient une réalité, et les gens commencent à se faire à l'idée d'un déplacement. Jusqu'en 2002, année du grand déménagement du cimetière, puis de la population, les habitants sont suivis au jour le jour, écoutés et entendus, rassurés. En définitive, ces moyens d'accompagnement humains, largement financés par l'Union européenne, auront permis de réduire au minimum les traumatismes liés à ce type d'opération.

Dernière objection à la construction de barrages : la destruction d'éventuels vestiges archéologiques.

Le cas du barrage d'Assouan a montré que la communauté internationale pouvait mobiliser des moyens importants pour des vestiges d'intérêt exceptionnel comme les temples d'Abou Simbel. En France, le processus est routinier pour les barrages ou tout autre équipement public ou privé. Le ministère de la Culture exige que le maître d'ouvrage finance les fouilles. Les archéologues travaillent, récupèrent les objets, prennent des photos ou autres mesures, puis l'autorisation de démolir est donnée. Le coût des recherches archéologiques doit donc obligatoirement être intégré

112. Collectif sous la dir. de Graciela Schneier-Madanes, *L'Eau mondialisée*, La Découverte, coll. « Recherches », 2010.

dans le devis final de l'ouvrage, quel qu'il soit. Il est vrai que ce processus est onéreux et que peu de pays l'ont encore rendu systématique.

En quelques mots

Si l'on considère que le manque d'eau pour les populations ou le bétail, le manque de nourriture et, notamment, de céréales, le manque d'énergie « propre », sans impact sur le taux de CO_2, la lutte contre les crues, la lutte contre la sécheresse, le développement de la navigation fluviale sont des enjeux majeurs pour une humanité de plus en plus nombreuse et exigeante, les barrages contribuent à relever ces défis. Comme pour toute entreprise humaine d'envergure, il serait vain de prétendre qu'ils sont sans risques. A la fin de ce chapitre, nous souhaitons que le lecteur retienne aussi leur bénéfice en faveur de ce qu'il est convenu d'appeler aujourd'hui un « développement durable ».

14

Les plantes ne sont pas toujours assoiffées

La terre va accueillir dans moins d'un demi-siècle environ deux milliards d'êtres humains supplémentaires, il va falloir les nourrir et répondre à la demande de tous ceux qui, plus riches, souhaitent acheter plus d'œufs, de poisson ou de viande... Cela est possible, à quelques conditions.

Les terres arables, c'est-à-dire labourables, pour cultures annuelles ou pérennes, sont passées de 1200 à 1411 millions d'hectares entre 1961 et 2007. **Elles ne régressent donc pas**, mais si leur superficie s'est accrue de 17 %, au cours de cette période la population mondiale a, dans le même temps, doublé. La productivité de l'agriculture a donc fortement progressé entre 1961 et 2007. Les 200 millions d'hectares supplémentaires n'ont été pris que partiellement sur **la forêt. Entre 1991 et 2007, cette dernière n'a régressé que de 2 %** et couvre encore 3987 millions d'hectares. La déforestation n'est donc pas massive et la forêt continue de couvrir 28 % des terres émergées.

Les pâturages se sont aussi accrus et passent de 3000 à 3378 millions d'hectares au cours de la même période 1960 à 2007. Ils couvrent 28 % des sols et jouent un rôle essentiel dans l'économie de l'élevage.

Les 38 % qui ne sont ni des terres arables, ni des pâturages, ni des forêts correspondent aux déserts chauds ou froids, à la toundra et aux deux continents de glace, le Groenland et l'Antarctique.

Dans le monde, 277 millions d'hectares sont irrigués[113] soit 20 % des 1,4 milliard d'hectares des terres arables ; 80 % des terres arables ne sont donc pas irriguées. L'irrigation fournit environ un tiers de la production alimentaire végétale mondiale, et principalement le riz avec ses 165 millions d'hectares. Les surfaces irriguées mondiales ne représentent que 0,039 hectare par habitant de la planète (395 m^2), dont 0,023 hectare (230 m^2) pour le riz. Quatre-vingts pour cent de la nourriture produite au Pakistan provient de terres irriguées, 70 % pour la Chine, mais moins de 2 % pour le Ghana, le Mozambique ou le Malawi. Trois pays (Inde, Chine, Etats-Unis) représentent 50 % des surfaces irriguées totales, soit 140 millions d'hectares.

Le plus souvent, l'agriculture n'a pas besoin d'irrigation

L'essentiel de la production de l'agriculture est « pluvial ». Sauf exceptions très localisées dans le temps et dans l'espace, aucun pâturage n'est irrigué, ni aucune forêt. L'irrigation ne couvre que 5,8 % des terroirs utili-

113. Année 2002, source FAO.

sés par les hommes (hors forêts). Le « manque d'eau », réel ou supposé, ne va pas affamer tout de suite toute l'humanité. Les pluies vont continuer à faire pousser sans irrigation la majorité des plantes cultivées, les pâturages et les forêts. En France, 6 % seulement de la surface agricole utile est irriguée, consommant environ 4 milliards de m^3. 94 % des champs, 99 % des prairies et 100 % des forêts reçoivent leur eau exclusivement du ciel.

Les années ne se ressemblent pas, les hommes s'y adaptent

Depuis la nuit des temps, les agriculteurs vivent avec le risque météorologique – sécheresse, inondation, gel, canicule – auquel s'ajoutent les attaques par des parasites des plantes ou des animaux. Les grands déserts de la planète, comme le Sahara, le resteront. Mais la sécheresse conjoncturelle, une fois tous les dix ans en probabilité, peut frapper pratiquement toutes les zones de cultures pluviales de la planète. Or, l'irrigation « conjoncturelle » est rigoureusement impossible.

Pour la sécheresse, certaines façons culturales, notamment la multiplication des sarclages, lorsqu'elle est possible, est une première réponse : « Deux binages valent un arrosage. » Dans les régions où la sécheresse est structurelle et où l'agriculture est possible, le *dry farming* doit être pratiqué : mise en jachère pour stocker l'eau d'une année de bonne pluviométrie sur la suivante, plus fort écartement entre les végétaux (ce qui est la réponse de la nature, dans les steppes arides, où la couverture herbacée devient discontinue), choix d'espèces résistantes à la sécheresse. Ainsi, le blé dur résiste mieux à la sécheresse que le blé tendre, et l'olivier mieux que le pommier.

Dans les pays pauvres, l'objectif – rarement atteint – est d'avoir en permanence un stock dans le grenier équivalant à deux années de récolte. L'association de l'agriculture et de l'élevage donne aussi des garanties, notamment par vente de cheptel et achat de céréales sur le marché. Le petit élevage – volailles, chèvres, moutons, porcins –, peu vulnérable à la sécheresse, est souvent le salut des plus pauvres, et d'abord des femmes veuves ou abandonnées, ayant des enfants à charge.

Dans les pays riches, les stocks structurels sont importants. Pour les agriculteurs victimes d'un sinistre, des systèmes d'assurance sont en place. Des outils d'indemnisation existent, notamment le Fonds de garantie des calamités agricoles (FGCA). La solidarité nationale peut jouer, comme ce fut le cas lors de « l'impôt sécheresse » de 1976, année où la règle de l'équilibre budgétaire était encore intangible ! L'impôt sécheresse a été remboursé à ceux qui l'avaient payé. Solidarité envers les agriculteurs, sans déficit du budget de l'Etat, ce fut un emprunt forcé, puis remboursé.

La révolution verte doit peu à l'irrigation

Même si des progrès restent à faire dans les pays les moins avancés, l'agriculture mondiale va bien.

L'irrigation est évidemment un élément important de la production, mais ce n'est pas le seul. Dans les pays les plus riches, comme **la France, l'irrigation stagne ou régresse** pour de multiples raisons : surproduction structurelle, manque de main-d'œuvre, pénibilité du travail, réduction du nombre d'exploitations, déprise agricole...

Le « bond en avant » prodigieux de l'agriculture des pays développés depuis les années 1950 s'explique peu par le développement de l'irrigation, qui fut marginale. En revanche, il doit tout aux progrès des façons culturales, à la sélection variétale (la génétique), aux engrais, aux traitements contre les maladies des cultures (moisissures et autres maladies cryptogamiques), au remembrement et au passage d'une agriculture artisanale, sur de petites surfaces, à de véritables agro-industries travaillant sur de grandes surfaces. Tous ces facteurs ont entraîné une augmentation du rendement en blé tendre, en culture pluviale. Il fut d'un quintal par an pendant cinquante ans ! Du jamais vu dans l'histoire de l'humanité : de 20 quintaux par hectare dans les années 1950, les rendements moyens sont passés à 70 quintaux dans les années 2000. Les autres céréales, les protéagineux, les fourrages, ont vu également leurs rendements progresser de manière spectaculaire. Et c'est cet incroyable progrès qui a permis à de nombreux ruraux de devenir urbains, leurs enfants l'ont oublié.

Les mêmes causes ont produit les mêmes effets dans les pays émergents, mais avec un décalage de vingt à trente ans. Les fameux « BRIC », à savoir Brésil, Russie, Inde et Chine, sont tous devenus exportateurs de céréales et d'oléagineux. Les anciens pays du bloc soviétique, notamment l'Ukraine, ont retrouvé leur puissance céréalière d'avant 1917. La Turquie est une nouvelle grande puissance agricole, alors que ce secteur de sa vie économique était sous-développé dans les années 1960. Les pays maghrébins lui emboîtent le pas.

La situation reste mauvaise dans les pays les moins avancés, notamment en Afrique tropicale. Les rendements des céréales pluviales, comme le mil ou le sorgho, y restent beaucoup trop faibles. Une tonne par hectare, contre les sept tonnes observées en France. La pauvreté des paysans africains explique leur faible capacité d'investissement en machinisme agricole, y compris en traction animale. L'accès aux «intrants» modernes est, pour eux, trop coûteux : engrais, variétés améliorées, herbicides, traitements des cultures, conservation et transports des récoltes. Les pays riches mettent 250 kg d'engrais par hectare, alors que l'Africain tropical n'en épand que 7 kg par hectare en moyenne. Ce chiffre explique, à lui seul, la persistance de malnutrition, de disettes ou de famines graves dans les pays les moins avancés. Lue de matière positive, cette situation laisse entrevoir un fort potentiel de progrès, à surface cultivée constante, pour éviter de nouveaux défrichements.

En matière d'irrigation, les surfaces africaines pourraient facilement doubler, notamment pour le riz, en zone de savane ou de forêt. Les rendements actuels sont déjà satisfaisants sur cette culture, nécessairement intensive. Ce doublement de la riziculture n'aurait qu'un impact très limité sur les ressources en eau de surface qui, à ce jour, peuvent être considérées comme infinies par rapport aux besoins actuels et futurs, en savane et en forêt africaines.

Cassandre n'a pas toujours raison

René Dumont, dans *Nous allons à la famine*[114], annonçait, en 1966, une situation « insoutenable » pour le « redoutable horizon 1975-1980 », s'achevant par un « désastre planétaire » en 1980 !

Certes, des famines localisées subsistent encore, particulièrement dans la corne de l'Afrique, mais l'islamisme radical, l'anarchie, la guerre civile sont les vraies causes de ces désastres humanitaires. Notre professeur d'agriculture comparée préconisait un triplement de la production mondiale, notamment en distribuant plus d'engrais, ce qui a été fait. Il souhaitait une meilleure régulation des naissances. A l'exception notable de l'Afrique tropicale, encore en retard sur ce point, tous les autres continents, y compris la populeuse Asie du Sud-Est, ont réussi leur transition démographique.

114. René Dumont et Bernard Rosier, *Nous allons à la famine*. Seuil, coll. Esprit « Frontière ouverte », 1966.

Assez d'eau pour irriguer

Pour comprendre enfin le rôle particulier des terres irriguées dans le cycle de l'eau, on peut proposer les estimations généreuses suivantes des consommations en eau. Si l'on considère qu'il faut 10 000 m^3 d'eau par hectare pour le riz et 5 000 m^3 par hectare pour les autres cultures, l'irrigation mondiale consommerait 3 000 milliards de m^3, soit un peu moins de la moitié de l'abondance brute du seul fleuve Amazone qui rejette chaque année dans la mer 6 000 milliards de m^3. Le prélèvement de 6,3 % de l'eau terrestre par l'irrigation est si modeste qu'il est proche de la marge d'erreur de la mesure du débit des fleuves et des variations moyennes annuelles des apports à la mer.

En France, la consommation d'eau pour l'irrigation de nos 1,5 million d'hectare se situe aux environs de 4 milliards de m^3, et l'eau que nos fleuves rejettent à la mer représente un volume de 175 milliards de m^3. La consommation nette d'eau liée à l'irrigation est donc de 3 % environ de l'abondance brute nationale. Pour la planète, cette consommation nette peut être estimée à 6 %.

Pour choisir une technique d'irrigation on regarde le facteur limitant : la quantité d'eau ou le coût de la main-d'œuvre

Le goutte-à-goutte

Le goutte-à-goutte est la technique la plus économe en eau, mais aussi la plus onéreuse. Un réseau très dense de tuyaux en matière synthétique distribue l'eau au goutte à goutte, plante par plante, jour et nuit, sans aucune intervention humaine. Chaque goutte va être récupérée par la plante, pour être évapotranspirée. L'investissement étant pérenne, durable, peu mobile, le « goutte-à-goutte » est strictement réservé aux vergers et au maraîchage, ainsi qu'aux jardins d'ornement. Il n'est pas adapté aux grandes cultures, notamment toutes les céréales, la canne à sucre, le soja, le tournesol, etc. Dans tous les pays où se pratique le « goutte-à-goutte » – Israël, les Etats-Unis et la France pour les vergers –, le manque de main-d'œuvre est aussi déterminant que le manque d'eau dans le choix de ce mode d'irrigation car ses coûts de main-d'œuvre sont quasi nuls. Soulignons par ailleurs qu'aucune façon culturale comme les sarclages, l'ajout d'engrais ou un traitement phytosanitaire n'est possible avec un goutte-à-goutte sur grandes cultures car les roues du tracteur détruiraient le réseau.

L'aspersion

La technologie la plus diffusée, en particulier pour les grandes cultures, comme le maïs, le tournesol, le soja ou la canne à sucre, est l'aspersion. Le goutte-à-goutte y est impossible. Dans ce cas, connu de tous, ce n'est qu'un grand tuyau d'arrosage : l'eau est pompée dans une nappe ou une rivière, puis mise en pression, soit par stockage dans des réservoirs au sol ou en élévation, soit par la technique des surpresseurs. Ce système demande le plus d'énergie. Les asperseurs, de toutes tailles et de tous modèles, du modeste «tourniquet» de jardin aux grands systèmes circulaires ou linéaires, permettent d'arroser plusieurs hectares. Au cours de la chute, une partie de l'eau se vaporise. Selon la chaleur, le vent ou d'autres paramètres, ces pertes par évaporation peuvent atteindre 10 % ou 20 %, voire plus. Ce sont de «vraies» pertes car cette eau évaporée n'est pas utilisée par la plante et n'est plus disponible en aval. Toutefois, si trop d'eau arrive au sol et s'infiltre vers la nappe, cela est onéreux et peut contribuer à «lessiver» le sol, autrement dit à lui enlever ses éléments nutritifs et à polluer la nappe phréatique. Mais les agriculteurs des pays développés, dont les marges sont faibles, évitent le gaspillage d'eau et d'engrais. Des systèmes plus ou moins complexes de mesure et de calcul permettent un pilotage fin de l'irrigation, notamment par l'utilisation d'appareils de mesure en continu de l'humidité du sol.

Police de l'eau

Au-delà de la technique, **soulignons la dimension sociale de cette innovation**. Jusqu'à il y a un demi-siècle, on ne pouvait irriguer que par « gravité », c'est-à-dire par un réseau de canaux, de biefs et de rigoles qui amenaient l'eau sur la parcelle. Mais l'eau n'était pas à tout moment disponible : on avait, ou l'on n'avait pas, la « main d'eau », et les journées commençaient parfois bien tôt ou se terminaient bien tard pour pouvoir en bénéficier. En Provence, des conflits locaux entre irrigants voisins sur un même périmètre pouvaient se terminer à coups de fusil, si la main d'eau n'était pas ouverte ou fermée à une heure très précise. Bien entendu, cette contrainte n'était pas au goût de tout le monde, il fallait donc une discipline et une efficace police de l'eau. On oublie aussi que l'admirable civilisation de l'Egypte ancienne était d'abord un Etat policier, pour cette même raison. Les contraintes de l'irrigation par écoulement gravitaire pèsent encore lourdement pour la culture du riz.

L'irrigation par canaux en surface libre : l'exemple du riz

Le premier producteur mondial de riz est la Chine, le deuxième est l'Inde, le troisième les Etats-Unis. A elle seule, la population de ces trois pays représente à peu près le tiers de l'humanité. Cette culture est, de très loin, la plus grosse consommatrice d'eau, celle qui « gaspille » le plus, mais l'abondance brute cumulée des grands fleuves de ces trois pays qui arrosent les zones rizicoles représente environ 5 000 milliards de m^3, et la consommation de leurs 82 millions d'hectares de riz peut être estimée à 820 milliards de m^3. Il y a encore de la marge !

Si l'Asie du Sud-Est est le « grenier » à riz de l'humanité, c'est parce qu'elle dispose de ressources en eau pluviales ou fluviales uniques au monde. Cette production massive de riz nourrit plusieurs milliards d'habitants et a permis, jusqu'à une période récente, une forte croissance démographique, malgré les famines historiques récurrentes dans l'empire du Milieu.

Pour la riziculture, la technique la plus fréquente est l'irrigation par bassins. Le riz est une plante aquatique qui pousse dans des bassins horizontaux remplis d'eau sur une hauteur de vingt centimètres environ pendant les trois mois du cycle végétatif. L'eau arrive au périmètre irrigué par des canaux souvent non revêtus, donc soumis à pertes par évaporation et par infiltration. Il en va de même pour toute la hiérarchie des canaux secondaires, tertiaires, quaternaires, formant les artères, puis les veines, puis les capillaires apportant l'eau à chaque parcelle. La régulation de l'écoulement de l'eau dans ces canaux est laborieuse. L'eau peut déborder, si telle ou telle vanne n'a pas été ouverte au bon moment. Un excès de débit par rapport aux stricts besoins est nécessaire dans le canal principal pour garantir que tous les canaux secondaires seront bien desservis.

Au niveau de la parcelle, les manipulations à effectuer sont aussi nombreuses et délicates. L'exploitant d'une planche de riz va ouvrir son canal, puis laisser couler un débit constant pendant plusieurs heures, parfois toute la nuit. L'excès d'eau dans le bassin tombera en cascade vers le ou les bassins suivants. En bout de course, elle se retrouvera dans le réseau de drainage qui accompagne nécessairement tout réseau d'irrigation. Les pertes rejoignent la nappe phréatique ou la rivière. Très souvent, d'autres rizières vont récupérer les pertes amont. Le plus souvent, toutes les rizières débitent en cascade les unes dans les autres et il devient difficile de mesurer les consommations nettes par casier ou par hectare. Le volume complet que traverse une rizière en trois mois peut atteindre 40 000 m^3, pour une consommation nette de 10 000 m^3. Les 165 millions d'hectares de riz de la planète sont tous irrigués par bassins, dans les pays en développement comme l'Inde ou la Chine, ou dans les pays développés comme la France ou l'Italie.

Pour l'agronome tropical, il apparaît plus urgent d'accroître les rendements, par d'autres voies que les économies d'eau. Culture encore très largement manuelle à ce jour, donc très fatigante, de grands progrès peuvent être réalisés pour la préparation du sol, le choix des variétés, la préparation des pépinières, le repiquage, l'apport d'éléments fertilisants, la lutte contre les mauvaises herbes, le battage, le transport, le décorticage du riz « paddy » pour le transformer en riz « cargo » ou en riz blanchi. Une longue chaîne de travaux, très consommateurs d'une main-d'œuvre qui ne doit craindre ni la fatigue, ni le soleil, ni le mal au dos, ni le travail les pieds dans la boue ! Le défi est donc plutôt d'alléger le fardeau du paysan pauvre des pays en développement, le véritable prolétaire des temps modernes.

Nouvelle (et ridicule) trouvaille pour se sentir coupable : la notion d'eau « virtuelle »

Pour contribuer à la peur du manque d'eau, un nouveau concept prétend confirmer l'incroyable gâchis des pays riches en la matière, ainsi que leur exploitation des pays pauvres dont l'eau précieuse serait subrepticement volée, il s'agit de la notion d'eau « virtuelle ». Ce concept a été inventé par un géographe britannique, Anthony Allan. Sa diffusion en France provient notamment d'un article de *La Recherche*[115]. Anthony Allan y exprime sa fierté d'avoir inventé une telle notion en 1992 et consacre l'essentiel de son activité à poursuivre ses « travaux ».

L'eau « virtuelle » serait celle qui, par exemple, est nécessaire pour produire une tonne de viande de bœuf, un quintal de blé ou une livre de haricots verts. Alors qu'on ne l'attendait guère dans ce domaine, Claude Allègre[116] est venu apporter son eau à ce drôle de moulin et prétend que l'on doit disposer de 13 000 tonnes d'eau pour produire une tonne de viande de bœuf, qu'une tonne de volailles en requiert 4 000 tonnes, que 2 700 tonnes d'eau suffisent pour une tonne d'œufs et 800 tonnes d'eau pour une tonne de lait ! Tout d'abord,

115. Anthony Allan, *La Recherche*, n° 370, 1er décembre 2003.
116. Claude Allègre, *Ma vérité sur la planète*, *op. cit.*

les chiffres avancés par notre éminent collègue sont sous-estimés : il prétend notamment que l'eau consommée par l'irrigation planétaire représenterait 1 500 milliards de m^3, or c'est au moins le double. A tant vouloir être anxiogène, autant être précis ! Ensuite, comme nous allons le voir, cette notion est fondée sur un raisonnement insensé en terme hydrologique.

En effet, pourquoi se soucier de l'usage d'une ressource dont l'abondance est telle qu'on ne l'a jamais comptée ? Peu importe en effet qu'il faille 1 000 tonnes, ou pourquoi pas 10 000 tonnes, d'eau pour que dix quintaux de blé viennent à maturité. Le blé n'est pas irrigué, il pousse grâce à la pluie. Si ce blé n'était pas là, sur cette même parcelle, une autre plante pousserait et « consommerait » autant d'eau. Pourquoi se soucier de la consommation d'eau d'un quintal d'orties ou de dix kilogrammes de chardons ? **Par ailleurs, comment peut-on prétendre que l'eau de pluie, gratuite et indéfiniment renouvelable, est une « consommation » ?** D'où vient le fondement agronomique et hydrologique de cet économisme mal placé ?

L'évapotranspiration est un phénomène sur lequel l'homme n'a pas de prise. Pourquoi les Français devraient-ils se sentir concernés, voire coupables, quand 311 milliards de m^3[117] repassent à l'état de vapeur après être tombés sous forme de pluie ? Le bœuf et la vache charolaise qui pâturent dans les prés ne « consomment » pas d'eau. Que le pré en question soit pâturé ou non, l'évapotranspiration est la même.

117. Source : site Internet du MEDD (Ministère de l'Ecologie et du Développement durable).

Le pourcentage d'eau repartant en vapeur reste le même et le pourcentage d'eau ruisselé ne change pas. L'évapotranspiration sous un climat donné est la même quelle que soit la végétation, « naturelle » ou « cultivée ». Les forêts ont la même évapotranspiration que les friches, les champs de blé ou ceux de colza. Ce phénomène était le même du temps de la Gaule et les débits de nos fleuves aujourd'hui identiques à ceux du temps de Jules César et de Vercingétorix. On aimerait qu'ils aient été conscients de leur chance : ils ne devaient pas se battre contre ces concepts ridicules.

La Documentation française[118] donne des chiffres différents de ceux de Claude Allègre, mais sans plus d'intérêt. Certes, une vache consomme 3 millions de litres d'eau incorporée dans l'herbe verte qu'elle mange, l'ordre de grandeur est exact, mais **la pauvre bête ne garde pas tout ce qu'elle mange et quasi 100 % de ce volume d'eau va se retrouver dans ses urines et ses fèces**, cette eau est rendue au milieu naturel dans la prairie ou dans la fosse fumière. Il en est de même des 24 000 litres d'eau que va boire cette vache, mais 100 % suivront le même chemin[119]. Quant aux 7 800 litres d'eau utilisés pour nettoyer l'étable, ils iront aussi à l'égout puis au milieu naturel.

Un kilogramme de bifteck contient environ 70 % d'eau et 30 % de matière sèche. Donc la consommation nette d'eau pour produire un kilo de viande est de 700 grammes, mais ces 700 grammes d'eau n'arrêtent

---

118. Numéro spécial de *La Documentation photographique* « L'eau menacée » de David Blanchon, La Documentation française, novembre-décembre 2010, p. 62-63.

119. *Idem* pour le lait, après sa consommation.

pas là leur chemin, ils vont se retrouver à leur tour dans les urines et matières fécales de leur consommateur. Une fois encore l'eau ne fait que passer, c'est un flux, jamais un stock dans la chaîne agricole et alimentaire.

La pluie qui tombe ne dépend pas du sol qui la reçoit

Les 94 % de cultures pluviales de France ne consomment aucune eau et ne pénalisent donc le débit d'aucune rivière ou d'aucune nappe phréatique! Les 34 millions de tonnes de blé produites par la France en 2011 n'ont pas «consommé» une goutte d'eau, car c'est une culture d'hiver. On le sème en octobre ou novembre et on le récolte en juin ou juillet, avant la sécheresse et la chaleur. Il en est de même pour l'orge d'hiver, le seigle et son hybride d'avec le blé (le triticale[120]), l'avoine, la betterave à sucre, le colza semé en septembre et récolté en mai-juin, ainsi que pour la pomme de terre, plante d'origine tropicale à cycle court, plantée en avril ou mai et récoltée en août. Les élevages intensifs utilisent des produits agricoles concentrés non irrigués, comme le blé fourrager, l'orge, le triticale, l'avoine, le tourteau de colza, autant

120. Espèce, ô combien génétiquement modifiée, mais dont l'apparition n'a ému personne à l'époque. Il est vrai que cette nouvelle espèce a été obtenue par hybridation du blé et du seigle, mais le résultat est le même. De plus, les mouvements écologistes n'existaient pas lors de la création du triticale. Heureuse époque?

de plantes pluviales, jamais irriguées. Donc, ne donnant lieu à aucune « consommation » d'eau.

A contrario, sont irriguées partiellement certaines céréales, comme le maïs, et certains protéagineux, comme le tournesol et le soja. A ce titre, ils représentent une vraie consommation d'eau. On peut estimer que ces cultures d'aliments concentrés irrigués pour l'alimentation des animaux représentent 50 % des surfaces irriguées en France. Les consommations en eau de ces cultures nécessitent donc 2 milliards de m^3 environ.

Il en est de même en Afrique

Si l'on poursuit le raisonnement pour les pays secs, notamment les pays à climat sahélien, dont l'élevage est la principale ressource, le chiffre de 13 000 m^3 par tonne de viande produite devient encore plus surprenant. Les bovins, ovins, caprins, chevaux ou chameaux[121] de ces régions ne consomment absolument jamais d'aliments concentrés qui auraient, par hypothèse, été irrigués. Ils ne se nourrissent que des graminées de la steppe sahélienne, qui doivent se contenter d'une pluviométrie à la fois faible et capricieuse. La seule consommation en eau des animaux est donc l'eau

121. Selon la désignation systématique, en latin *Camelus dromedarius*. Il s'agit donc bien d'un chameau, de la famille des Camélidés. Le chameau à deux bosses de l'Ouzbékistan s'appelle *Camelus bactrianus*. Les espèces végétales ou animales classées selon la systématique parlent en général du genre, en l'occurrence *Camelus*, et plus rarement de l'espèce. Citer le nom d'espèce, traduit en français par « dromadaire » sans citer préalablement le nom du genre « Chameau » n'est donc qu'une forme de pédanterie. Les prétendus « dromadaires » sont d'abord des chameaux selon les règles de la systématique scientifique.

de boisson. Ils peuvent la trouver dans des marigots ou des mares temporaires, ou bien les éleveurs puisent leur eau de boisson dans les forages. Une bonne partie de cette eau repartira au milieu naturel sous forme d'urine et de matières fécales. Pour le reste, on est bien dans le domaine de la « vraie » consommation car cette eau avait ruisselé ou s'était infiltrée. Elle ne sera plus disponible à l'aval, si tant est qu'il existe un « aval » dans les steppes plates, sans réseau hydrographique bien dessiné. Partout dans le monde, on peut continuer à faire de l'élevage et produire de la viande de bœuf, cela avec des vraies consommations d'eau nettes dérisoires, par rapport aux ressources locales dans le bassin versant.

Les riches ne volent pas l'eau des pauvres

Selon Anthony Allan, les échanges mondiaux d'« eau virtuelle » représenteraient 1 300 milliards de m^3, soit le tiers de la quantité d'eau « consommée » dans le monde ! Ce chiffre paraît très élevé, mais, tout d'abord, il représente moins de 2 % d'eau mondiale évapotranspirée et devenu « virtuelle », et surtout, il ne correspond à rien.

Dix kilogrammes de tomates irriguées au Maroc et exportées en France ont bien eu besoin d'un mètre cube d'eau, mais la seule chose qui s'est produite c'est que l'eau utilisée pour l'irrigation de ces tomates n'est pas partie à la mer. Faut-il regretter que le royaume chérifien soit un des pays les plus et les mieux irrigués du monde et en retire des devises ? Doit-on recommander que le puissant barrage de Bine El Ouidane qui permet d'irriguer des milliers d'hectares au centre du pays laisse l'eau de l'oued partir vers l'océan, en pure perte ?

Pour en finir avec cette notion ridicule, étonnons-nous du fait qu'Anthony Allan oublie le bois, les grumes, les sciages et la pâte à papier. Or la production de 1 m^3 de bois de chêne consomme au moins 150 000 m^3 d'eau évapotranspirée[122]. Ce chiffre peut également être retenu pour les forêts tropicales. Comme le commerce mondial du bois est estimé à 100 millions de m^3, il faudrait ajouter 15 000 milliards de m^3 aux chiffres avancés.

Conseil aux sceptiques

A ceux qui se culpabiliseraient encore de ces « gâchis » d'eau et qui ne seraient pas convaincus par cette argumentation, nous les incitons à ne consommer que des algues et des poissons : la quantité d'eau que ces derniers avalent est faible ; toutefois, en y réfléchissant, on pourrait étendre la notion d'eau virtuelle à l'eau bien réelle qu'il faut à ces algues et ces poissons pour vivre. Une belle quantité !

122. 600 000 m^3 d'eau évapotranspirée par hectare pendant cent ans, pour produire 400 m^3 de bois de chêne sur la période.

15

La guerre de l'eau n'aura pas lieu

La première guerre de l'eau devrait, dit-on, éclater au Moyen-Orient ! Les deux fleuves qui cristalliseraient ce conflit sont le Tigre et l'Euphrate. Le premier, qui coule de la Turquie vers l'Irak, longe la Syrie sur quelques kilomètres, le second traverse les trois pays. Or la Turquie, où ces deux fleuves prennent leur source, construit de puissants barrages dans leurs bassins supérieurs. La Syrie fait de même et l'on prétend que ce serait au détriment de l'Irak, situé en aval des deux autres pays.

Favorisée par la géographie, la Turquie se sert en effet la première, mais nous verrons que l'analyse des volumes d'eau mis en cause et leur répartition dans le temps permettent d'affirmer que la réduction des volumes disponibles dans l'Euphrate sera plus que compensée par une meilleure régulation des débits. Mais avant d'étudier ce cas exemplaire, regardons les leçons de l'histoire : des guerres pour l'eau ont-elles eu lieu ?

Quelles guerres ?

La Banque mondiale affirme que «si le pétrole a été à l'origine de nombreux conflits au cours du XXe siècle, ainsi l'eau sera la source de conflits au siècle à venir[123]». Certes, on notera que la Banque mondiale parle de «conflit» et non de «guerre», mais regardons s'il y a eu des précédents avant de mettre en doute cette imprudente affirmation.

Le Pr Aaron Wolf, cité par Bjorn Lomborg[124], après avoir analysé les crises mondiales du XXe siècle, montre que sur 412 conflits répertoriés entre 1918 et 1994, 7 avaient l'eau comme cause partielle. Dans trois de ces conflits, pas un coup de feu n'a été tiré et aucun n'a été assez violent pour être qualifié de «guerre». Il conclut : «Comme nous le voyons, la véritable histoire des conflits armés pour la défense de l'eau est un peu moins dramatique qu'a pu le laisser supposer la littérature sur le sujet... A notre connaissance, on n'a jamais fait la guerre pour l'eau.» De leur côté, les services secrets américains au milieu des années 1980 avaient désigné dix endroits au monde où un conflit pouvait éclater à propos de l'eau, mais, à ce jour, aucun conflit grave n'est encore survenu.

Cela ne veut pas dire que l'eau ne soit pas un sujet de litige potentiel entre pays. Ainsi plus de 3600 traités sur l'eau ont été signés à l'échelle mondiale entre l'an-

123. Bjorn Lomborg, *L'Ecologiste sceptique*, Le Cherche Midi, 2004.
124. *Ibid.*

née 805 de notre ère et 1994[125]. Pour le seul xxe siècle, 149 traités l'ont été. Les histoires d'eau sont, sinon pacifiques, du moins civilisées. Ces attributs ne s'appliquent guère à l'Europe, où l'on s'est beaucoup battu, mais pas pour de l'eau, même si les guerres ont eu quelques conséquences dans ce domaine.

Le Rhin

Le traité de Versailles, mettant fin à la guerre de 14-18, prévoyait explicitement que la France aurait le droit exclusif, au détriment de l'Allemagne, d'établir en Alsace des centrales hydroélectriques sur ce fleuve. Si l'aménagement commença entre 1928 et 1932 avec la construction de l'usine hydroélectrique de Kembs, en aval de Bâle, il fut arrêté par la Seconde Guerre mondiale et ne s'est poursuivi qu'après 1945 avec la mise en service progressive de neuf autres centrales : Ottmarsheim, Marckolsheim, Rhinau, Gerstheim, Strasbourg, Gambsheim et Iffezheim.

Les deux derniers équipements résultent d'une coopération franco-allemande, et l'usine hydroélectrique d'Iffezheim est sur le territoire allemand. L'énergie produite est partagée entre les deux pays. L'énergie des barrages amont est en revanche réservée à la France, comme le traité de Versailles le prévoyait. Par ailleurs, le canal latéral au Rhin, appelé canal d'Alsace, permet la navigation internationale de chalands lourds jusqu'à Bâle, seul accès à la mer pour la Suisse.

125. *Ibid.*

Le Danube

Le Danube est une voie fluviale essentielle dans l'histoire de l'Europe et était déjà une des frontières de l'Empire romain. Il s'écoule le long des frontières de neuf pays qu'il traverse et qui constituent chacun une petite partie de son bassin versant : l'Allemagne (7,5 %), l'Autriche (10,3 %), la Slovaquie (5,8 %), la Hongrie (11,7 %), la Croatie (4,5 %), la Serbie[126], la Bulgarie (5,2 %), la Roumanie (28,9 %) et la Moldavie (1,7 %). Mais ses affluents viennent de dix autres pays qui ont aussi leur part dans ce bassin : l'Italie (0,15 %), la Pologne (0,09 %), la Suisse (0,32 %), la République tchèque (2,6 %), la Slovénie (2,2 %), la Bosnie-Herzégovine (4,8 %), le Monténégro, le Kosovo, l'Albanie (0,03 %) et l'Ukraine (3,8 %). Aucun grand fleuve au monde n'a un bassin versant partagé entre dix-neuf pays souverains, pourtant cette « balkanisation » n'a pas été source de conflits armés, et Dieu sait s'il y en a eu dans cette région.

Au cours des siècles, de nombreux traités ont réglé les problèmes de navigation, de flottage des bois et de pêche. D'autres accords ont permis la construction des ponts, notamment lorsque le Danube a servi ou sert encore de frontière. Pourtant, un nombre important

126. Les frontières définitives de la Serbie, du Monténégro et du Kosovo n'étant pas définitivement fixées et reconnues par la Communauté internationale, les surfaces des parties du bassin versant du Danube qui sont incluses dans ces trois pays ne peuvent être déterminées de manière précise à ce jour.

d'ouvrages hydroélectriques ont été construits sur le Danube, surtout en Allemagne et en Autriche.

S'il n'y a pas eu de conflit, il y a eu des médiations et des procès, en particulier pour le barrage de Gabčíkovo-Nagymaros, à cheval entre la Slovaquie d'aujourd'hui et la Hongrie. Des craintes furent en effet émises par des experts hongrois et autrichiens sur les conséquences qu'aurait un tel ouvrage d'art sur la destruction des prairies alluviales autrichiennes, sur les paysages le long de la frontière slovaco-hongroise et la distribution d'eau potable de Budapest. Le mouvement écologiste « Duna Kör » fut d'ailleurs créé en 1984 en Hongrie pour donner un corps politique à cette inquiétude. Ce mouvement est par ailleurs considéré comme le catalyseur de la « révolution de velours » hongroise.

Plus tard, en 1993, comme la Slovaquie construisait la centrale à un autre endroit du fleuve, la Hongrie déposa plainte. Elle accusait la Slovaquie de dériver de l'eau du Danube dans le nouveau canal artificiel de Gabčíkovo-Kanal. La cour internationale de justice de La Haye confirma la validité d'anciens accords remontant à 1977. La Hongrie s'est désistée et la Slovaquie a pu achever son ouvrage. L'hydroélectricité fournit donc aujourd'hui 16 % de la production totale d'électricité slovaque, deuxième source d'énergie du pays après le charbon.

L'Euphrate, sujet de guerre ?

Les sources de l'Euphrate, situées en Turquie, proviennent de deux rivières principales : le Karasu ou Kara Sou, long de 450 km, qui prend sa source au mont Kargapazari à 3290 m d'altitude, et le Murat Nehri ou Murat Sou, long de 650 km, qui prend sa source au mont Muratbasi à 3520 m d'altitude. Ces montagnes d'altitude supérieure à celle des Pyrénées sont très enneigées en hiver, et ces deux rivières les traversent avant de former l'Euphrate.

L'Euphrate

Sa longueur est de 2780 km et la taille de son bassin versant est de 444000 km^2, soit un peu moins que la superficie de la France métropolitaine. Il traverse la Turquie sur 455 km, puis la Syrie sur 675 km et enfin l'Irak sur 1200 km.

La longueur de l'Euphrate en Turquie n'est que de 455 km, mais les apports en eau du fleuve sont turcs à hauteur de 88 %, la Syrie fournit les 12 % restants. Le bassin versant d'Irak, désertique de ce côté, ne fournit rien. Le « château d'eau » de l'Euphrate est en Turquie, ce qui est moins vrai du Tigre, nous y reviendrons. Le débit moyen à l'embouchure est de 830 m^3/s, soit un volume moyen annuel de 25 milliards de m^3. Son régime est pluvio-nival. Les crues annuelles correspondent donc à la fonte des neiges. Ainsi, les débits près de Babylone sont maximaux en mai ou juin et dépassent les 2000 m^3/s. C'est plus que la moyenne du Rhône à l'embouchure. En revanche, ce débit n'est que de 200 ou 300 m^3/s en août, septembre ou octobre, or c'est la période où les besoins sont importants pour l'irrigation. Il n'y a donc pas assez d'eau à l'automne et trop d'eau au printemps. En anticipant sur la démonstration qui va suivre, il est facile d'imaginer que des barrages, où qu'ils soient, puissent écrêter la crue de printemps et soutenir les étiages d'automne, et, ainsi, mieux répondre à la demande des utilisateurs irakiens.

Les barrages turcs sur l'Euphrate

Atatürk, le plus gros barrage, stocke plus de 48 milliards de m^3. La puissance installée globale s'élève à 5000 MW, pour une production d'énergie annuelle de 20000 gigawattheures (GWh) (million de kWh). Ce barrage, comme les autres, constitue un enjeu énergétique important. Soulignons, par ailleurs, qu'Atatürk est un barrage en «retenue totale» car il stocke plus que le volume écoulé annuellement, deux fois ce volume en l'occurrence. Au moment de son remplissage, il a donc fallu attendre deux années, sans produire d'électricité, pour atteindre le niveau maximal des eaux, celui de l'évacuateur de crue de secours.

Le barrage permet de turbiner sur une grande hauteur de chute (160 m) un volume de 24 milliards de m^3. En général, le barrage n'est plein qu'en fin de période de crues. Puis l'exploitant turbine afin que la retenue soit à moitié vide lorsque arrivent les crues de printemps de l'année suivante, liées à la fonte des neiges. Cela afin d'encaisser 100 % de leurs volumes. Il en est ainsi de l'ensemble des barrages turcs construits en cascade sur l'Euphrate : ils stockent deux années d'écoulement moyen annuel, mesuré à la frontière avec la Syrie. La Turquie libère donc vers la Syrie, en régime habituel, l'écoulement moyen annuel, moins ses consommations : l'évaporation sur les plans d'eau et l'irrigation. Mais le débit est plus régulier, les crues ont disparu, et les étiages sont soutenus par la production continue d'électricité. Ce que la Syrie perd en volume d'eau nette disponible, elle le gagne par la régularisation du débit.

Le même phénomène va se retrouver dans tous les barrages en aval, situés en cascades sur l'Euphrate, ou sur ses affluents. A la limite, on peut idéalement concevoir qu'à partir d'un certain nombre de barrages l'Euphrate coule à débit constant, ou presque, à Babylone. Ce serait un gros avantage pour l'Irak, qui est incapable de «rentabiliser» en hydroélectricité ou en irrigation les 2000 m^3/s qui passent sous les ponts en mai et juin tous les ans.

Tout se passe comme si les consommations d'eau de la Turquie et de la Syrie, par évaporation sur les plans d'eau et par le développement de l'irrigation, étaient prélevées sur le volume des crues de mai et juin, inexploitables par l'Irak.

Si tous ces barrages produisent l'électricité très vite après leur construction, en revanche, les chiffres donnés pour l'irrigation sont une indication du potentiel à très long terme, cinquante ans peut-être. Le rythme de développement de l'irrigation est toujours long : coût des infrastructures, résolution des problèmes fonciers, équipements à la parcelle, formation à l'irrigation, modification des techniques agricoles (variétés, pratiques culturales, fertilisation, etc). Sur les 900 000 hectares prévus par les Turcs, on peut estimer à 100 000 hectares les surfaces irriguées aujourd'hui. L'irrigation ne limitera qu'à terme les volumes disponibles pour l'Irak.

Les barrages syriens sur l'Euphrate

D'amont en aval on trouve le barrage de Tichrin, construit en 1999, le barrage de Tabqa, construit en 1976, le barrage d'Al-Baath, situé à moins de 20 km en aval du barrage de Tabqa afin de régulariser le débit du fleuve en fonction du lâchage d'eau de ce barrage. Ces barrages bénéficient pleinement des effets de régulation des crues et soutien des étiages de leurs homologues turcs. A leur tour, ils participent aux mêmes fonctions pour leurs homologues irakiens.

Les ouvrages irakiens sur l'Euphrate

Ce sont principalement des ouvrages de lutte contre les inondations, la vraie menace qui pèse sur la Mésopotamie depuis l'arche de Noé... Le pays devient plat, et donc la construction de barrages de grande hauteur est malaisée. Les terrains sont peu fertiles en dehors des voisinages immédiats du fleuve. Citons, sans être exhaustif, le barrage de Ramadi qui permet le stockage des crues dans les dépressions naturelles d'Habbaniya et Abu Didis, et le canal Tharthar-Euphrate qui permet le déversement des crues du Tigre dans l'Euphrate *via* le lac-réservoir du Tharthar.

Les Irakiens ont fait des choix avisés en hydrologie : garder des dépressions, des zones humides, des marécages, surfaces horizontales et vastes sur lesquelles les phénomènes d'encaissement et de laminage des crues se produisent exactement comme sur les barrages artificiels. Se protéger contre les crues, c'est d'abord ne pas toucher aux zones inondables, ou conforter leur rôle de stockage temporaire des eaux. Par ailleurs le « by-pass » du Tharthar, qui permet de faire passer les eaux du Tigre dans l'Euphrate en cas de crue, est utile car les crues du premier sont plus graves que celles du second.

Le Tigre

C'est le fleuve qui coule à Bagdad. D'une longueur totale de 1800 km, le Tigre s'étire sur 400 km en Turquie et plus de 1400 km en Irak. La superficie du bassin versant en Turquie ne représente que 12 % du total mais fournit 50 % du volume moyen annuel. Le bassin versant irakien apporte à son tour 50 % des volumes, au droit de la ville de Bagdad. En clair, les eaux qui passent sous les ponts de la capitale sont à 50 % d'origine irakienne.

Le débit moyen du Tigre à Bagdad est de 1200 m^3/s. L'essentiel de toute cette eau va se perdre dans le Chott-el-Arab, puis le golfe Persique.

Comme l'Euphrate n'est pas loin, en faisant la somme des volumes disponibles dans ces deux fleuves, on s'aperçoit que **Bagdad est l'une des villes les plus favorisées du monde en termes de disponi-**

bilité en eau douce. Au total, les consommations nettes des barrages turcs et syriens seront fonction de la vitesse du développement de leurs périmètres irrigués. Le chiffre d'un million d'hectares a peu de chance d'être jamais atteint.

Les 3 milliards de m³ consommés par les Turcs et les Syriens à ce jour ne sauraient justifier une «guerre pour l'eau». A horizon de cinquante ans, les pays amont pourraient consommer 8 milliards de m³. L'abondance brute cumulée des deux fleuves étant de 55 milliards de m³ aujourd'hui, resteraient **47 milliards de m³** pour aller se perdre dans la mer... **après avoir traversé l'Irak, qui n'en pas besoin**. Ces chiffres montrent que l'hypothèse d'une guerre «pour l'eau» n'a aucun fondement hydrologique.

Retour sur le Nil

Ethiopie : une guerre pour l'eau ou pour l'électricité ?

En amont de la ville de Khartoum, au Soudan, il n'y a pas un Nil mais deux : le Nil Blanc, venant du lac Victoria en Ouganda, et le Nil Bleu, qui prend sa source en Ethiopie.

Le lac Victoria est une mer intérieure d'eau douce, de plus de 300 km de diamètre. Situé sous l'équateur, les eaux sont partagées entre la Tanzanie, le Kenya et l'Ouganda. Son volume est de 2700 milliards de m³, pour une surface de 69 000 km². De nombreux affluents y jettent leurs eaux abondantes. La Kagera descend du Rwanda en traversant la Tanzanie. On y situe parfois les « sources du Nil », mais la multiplicité des rivières qui rejoignent le lac Victoria rend illusoire la notion de source, même si l'on convient que c'est à Jinja, seconde ville d'Ouganda, aux « Jinja Falls », que se trouve celle du Nil Blanc qui débite 38 milliards de m³ par an. Le lac Victoria stocke donc près de soixante-sept fois son débit annuel. Le lac Victoria est un réservoir qui lisse les variations climatiques sur une très longue période.

Quand il passe au Sud-Soudan, le Nil Blanc traverse une zone sèche et marécageuse, où les pertes sont estimées à plus de 20 milliards de m³ du fait de l'évaporation. Le canal de Jonglei, programmé sur une longueur de 350 km, mais inachevé, était censé réduire ces pertes. Des troubles politiques et le manque de financement n'ont jamais permis son achèvement. Le Nil Blanc poursuit sa route vers le nord, et reçoit en rive droite les eaux du Sobat, qui le « regonfle » de 13 milliards de m³ annuels. A son arrivée à Khartoum, le Nil Blanc charrie bon an mal an 28 milliards de m³. 10 milliards de m³ ont été perdus par évaporation depuis le lac Victoria. Mais son frère le Nil Bleu va venir lui apporter 38 milliards de m³, le nouveau géant débitera ainsi 65 milliards de m³. Le Nil Bleu, descendant des montagnes d'Ethiopie, apporte donc plus d'eau que le Nil Blanc.

D'une longueur de 1 600 km, le Nil Bleu prend sa source dans le lac Tana, plus petit que le lac Victoria, mais situé à 1 888 m d'altitude, pour un bassin versant de 325 000 km². Le module spécifique élevé, de

116000 m³ par km² de bassin versant et par an, s'explique par le climat pluvieux, notamment en juillet et août, et l'altitude des hauts plateaux éthiopiens. Le Nil Bleu descend très rapidement sur près de 1200 m de chute avant d'arriver à Khartoum. Rapides et cascades se succèdent dans des canyons et défilés impressionnants. Explorer les gorges du Nil Bleu reste une aventure périlleuse.

Le potentiel hydroélectrique du Nil Bleu est donc élevé, mais reste peu exploité à ce jour. **La construction de nombreux barrages en cascade permettrait une production d'énergie hydroélectrique bien utile pour l'Ethiopie et régulerait un débit qui varie de 5000 m³ en septembre à 200 m³/s seulement en mars ou avril.** La mise en place de ces ouvrages ne consommerait aucune eau, mais régulerait le débit du Nil Bleu.

Dans ces conditions, **on peut s'étonner que l'Egypte ait mal accepté au début de l'année 2010 la remise en cause par l'Ethiopie d'un ancien accord de « partage des eaux » datant de l'époque coloniale.** Il fut imposé au Négus par le Soudan « anglo-égyptien », autrement dit par les Anglais. **On ne voit pas bien en effet comment l'Ethiopie pourrait « consommer » l'eau du Nil Bleu.**

Le bien rare, c'est l'électricité

Derrière les prétendus « conflits ou guerres pour l'eau » annoncés ici ou là, se cachent en fait de réels conflits pour le prix de l'électricité.

L'Egypte, comme tous les pays émergents, manque cruellement d'électricité[127].

L'accord historique que l'Ethiopie aurait dénoncé prévoyait qu'en échange du droit de construire ses barrages sur le Nil Bleu, elle «indemniserait» l'Egypte et le Soudan, à l'époque sous tutelle anglaise, en leur proposant des tarifs favorables pour l'électricité exportée vers ces pays. On comprend le dépit de l'Egypte et du Soudan de devoir payer l'électricité éthiopienne au prix du marché, mais l'électricité produite en Ethiopie ne peut l'être que là. Rappelons une fois encore que c'est l'énergie de l'eau et non pas l'eau elle-même qui produit de l'électricité, donc, une fois que l'eau est descendue en plaine, si l'on n'a pas pu récupérer son énergie, c'est une «perte sèche» pour tout le monde.

Avec ou sans barrage, on ne peut pas empêcher l'eau de descendre vers l'aval, et les barrages eux-mêmes ne font que retarder et réguler l'écoulement vers la mer. Au risque de nous répéter, nous pouvons affirmer qu'un barrage est toujours un avantage pour les usages en aval, quels qu'ils soient : eau potable, irrigation, navigation, paysage, production d'électricité, qualité des habitats pour la vie aquatique animale ou végétale.

---

127. On assiste aujourd'hui à des révoltes urbaines pour manque de courant électrique, comme en juin 2011 à Dakar. Une panne intégrale de quarante-huit heures dans une capitale de deux millions d'habitants rend la vie et le travail impossibles. En prévision de pannes de distribution d'eau, fréquentes également dans les pays pauvres, on peut toujours stocker un ou deux bidons de 200 litres dans sa cour. Mais que faire sans la source d'énergie la plus décentralisée, la plus facile, la plus familière : l'électricité, dont l'absence est la vraie pauvreté du XXIe siècle ? Elle peut induire un manque d'eau disponible, faute de courant pour faire fonctionner les pompes.

Le droit international ne prévoit pas un « droit » des pays aval sur l'eau des pays amont. Surtout quand les consommations nettes, possibles uniquement par évaporation sur plan d'eau ou par irrigation, sont nulles ou marginales, ce qui est le cas de l'Ethiopie et de ses futurs barrages sur le Nil Bleu. L'eau évaporée par le lac de barrage sera largement compensée par la récupération des crues. De surcroît, l'Egypte ne peut guère donner de leçons en la matière, car les pertes par évaporation sur le lac Nasser sont estimées à au moins 10 milliards de m^3.

On comprend que le Soudan souhaite développer son irrigation. Entre Khartoum et le lac Nasser, il dispose et devrait toujours disposer, à horizon prévisible, de 68 milliards de m^3, les pertes par évaporation et irrigation étant compensées par un deuxième affluent venant d'Ethiopie, l'Atbara. Le barrage hydroélectrique de Roseires, établi sur le Nil Bleu juste après la frontière éthiopienne, régule les crues et soutient les étiages pour l'irrigation. Le Soudan ne manque donc pas d'eau dans le lit du Nil, et la construction de barrages en Ethiopie n'y changera rien. Le climat tropical d'altitude de ce pays est humide et froid, et l'évaporation sur plan d'eau libre y est modeste. L'eau des crues, mieux stockée, compensera les pertes par évaporation de futurs barrages éventuels[128].

128. Il y aura cependant deux ou trois années difficiles, lorsque le barrage se remplira.

Inquiétudes pour rien : « guerres » pour l'eau sur le papier

Ces données sont malheureusement ignorées[129]. « Les conflits locaux vont se multiplier, exaspérés par l'explosion démographique. Comment à partir du même fleuve Nil pourra-t-on abreuver en 2025 les 120 millions d'Ethiopiens, les 70 millions de Soudanais et les 150 millions d'Egyptiens tout en laissant aux agriculteurs assez d'eau pour faire pousser assez de plantes afin de nourrir cette foule ? »

Tout d'abord, l'expression « abreuver » est ambiguë car elle semble s'appliquer à la fois aux habitants, pour leurs besoins domestiques, et à l'irrigation... « Abreuver » les habitants pour leurs besoins domestiques ne mobilise que très peu d'eau, et seuls les riverains immédiats du Nil sont éventuellement concernés. Dans tous les pays du monde, comme en Ethiopie ou au Soudan, l'eau domestique provient et proviendra toujours d'une ressource locale, un forage par exemple, et non pas d'un fleuve, le Nil en l'occurrence. Quant à « abreuver » les sillons, l'agriculture ne sera jamais 100 % irriguée parce que les terres ne sont pas toutes irrigables et que l'élevage exploite des pâturages exclusivement arrosés par les pluies. Le Soudan est le plus grand pays du continent africain. Le Nil n'a jamais été et ne sera pas la seule ressource en eau de ce pays gigantesque. Le Darfour meurt de soif, mais la

129. Erik Orsenna, *L'Avenir de l'eau : Petit précis de mondialisation*, t. II, Fayard, 2008.

construction d'un canal de 1000 kilomètres entre le Nil et cette province du Soudan est-elle techniquement et financièrement réaliste ?

Pour répondre donc en quelques mots à Erik Orsenna[130], qui a titré son chapitre XIV : « Mourir de faim, périr de soif », la situation est simple. Il n'y a pratiquement pas d'irrigation en Ethiopie, le climat des hauts plateaux autorisant une agriculture et un élevage exclusivement pluviaux. C'est donc la pluie qui « abreuve » les sillons éthiopiens et les prairies éthiopiennes. *Idem* pour le Sud-Soudan, nouveau pays indépendant, dont le climat tropical de savane ne nécessite aucune irrigation, sauf exceptions locales, notamment pour la riziculture. Restent le Nord-Soudan et l'Egypte qui sont des déserts quasi absolus. Toutefois, en reprenant le calcul développé ci-dessus, l'eau du Nil, à savoir 90 milliards de m^3 à l'aval d'Assouan, permettrait, sur le papier, d'irriguer 9 millions d'hectares supplémentaires sur la base d'une consommation en eau de 10000 m^3 par hectare. A 5 tonnes de maïs ou de riz par hectare, un rendement assez faible, l'Egypte pourrait donc produire théoriquement 45 millions de tonnes de maïs ou de riz supplémentaires. Sur la base d'une ration alimentaire de 300 g de céréales par jour et par personne, ce qui est beaucoup, cela permettrait d'alimenter 150 millions de personnes supplémentaires. Ce qui manquera, ce n'est pas l'eau. Ce sont d'abord les sols, car on n'irrigue pas facilement les dunes de sable, et l'argent pour financer les investissements en barrages, canaux, pompes, matériels agricoles, semences,

130. *Ibid.*

engrais... et la formation des hommes aux techniques d'irrigation complexes. Dans ses nombreuses études, la FAO souligne avec regret que l'investissement agricole, hors irrigation, n'est que la moitié de ce qu'il devrait être pour accompagner le développement de ces pays.

On retrouve un raisonnement analogue sous une autre plume[131] : « Si tous les hommes de la planète consommaient autant d'eau des fleuves que les Européens, ce prélèvement constituerait la moitié de l'eau disponible. Donc une diminution de moitié du débit des fleuves en moyenne. Si en outre, la population mondiale augmentait de 50 %, passant à 9 milliards, et que le niveau de vie s'améliorait partout pour se mettre à niveau des Européens, alors l'homme prélèverait 80 % de l'eau des fleuves. Autrement dit la plupart de nos fleuves seraient menacés. » Ce propos laisse croire aussi que les fleuves sont les seules ressources en eau, que toute agriculture est irriguée, que l'élevage n'existe pas, que la hausse des niveaux de vie s'accompagne nécessairement d'une hausse parallèle des « consommations d'eau »... Or il est facile de vérifier que les consommations dans les fleuves français sont faibles à nulles par rapport à leurs débits (3 %), que ces prélèvements n'augmenteront pas, car l'irrigation ne se développera plus ou que très marginalement. **Depuis une vingtaine d'années, les prélèvements domestiques d'eau baissent en France**, alors que le niveau de vie a doublé. Il est absolument impossible que l'humanité consomme 80 % de l'eau de ses fleuves et évapore 47 000 milliards de m³

131. Claude Allègre, *Ma vérité sur la planète*, *op. cit.*

d'eau par an. Pour cela, il faudrait irriguer 4 milliards d'hectares supplémentaires, soit quatre-vingts fois la surface de la France sur une base de consommation en eau de 10000 m^3 par hectare. On pourrait y récolter 20 milliards de tonnes de céréales supplémentaires, alors que l'humanité ne produit et consomme aujourd'hui « que » 2,5 milliards de tonnes. Par ailleurs, les terres arables ne couvrent que 1,4 milliard d'hectare à ce jour, soit environ 10 % des terres émergées. On ne voit pas comment les multiplier par un facteur de 2,5. Les continents ne sont pas assez grands pour accueillir plus de 5,4 milliards de terres arables. C'est bien ennuyeux, au moins pour M. Allègre.

Quand leur population augmente, les pays arides ou semi-arides ne peuvent pas atteindre l'autosuffisance alimentaire à un coût acceptable. Il faut donc qu'ils achètent leurs céréales à l'Union européenne, au Canada, aux Etats-Unis, à l'Argentine ou à l'Australie, en général à bas prix. Les problèmes de ces pays sont politiques, démographiques et économiques avant d'être agricoles ou alimentaires. Le manque d'eau, réel ou supposé, ne peut pas être évoqué comme source de leurs difficultés. Il peut être une conséquence.

Une guerre pour l'eau n'aurait de sens que si le pays aval occupait définitivement le pays amont

Si l'on en juge par l'histoire, il y a de bonnes raisons de penser que l'hypothèse d'une guerre pour l'eau soit improbable où que ce soit. En effet, seuls les Etats aval, possédant un climat aride ou semi-aride, pourraient déclencher une guerre, vers le ou les pays amont. Comme ils resteraient prisonniers de la géographie et donc tributaires des apports quantitatifs et qualitatifs de l'amont, ils devraient occuper en permanence ce territoire. Une telle guerre, comme toutes les guerres, aurait aussi un coût économique faramineux. Interrogé sur ce point, un officier israélien répondait : « Pourquoi partir en guerre pour de l'eau ? **Pour le prix d'une semaine de combats, on peut construire cinq unités de dessalement et assurer leur fonctionnement pendant vingt ans**. Pas de morts, pas de pression internationale et surtout une source d'approvisionnement qui ne sera pas en territoire ennemi[132]. »

Les organismes de coopération internationale autour d'un fleuve transfrontalier ont toujours fait preuve d'une grande résilience et fonctionnent même pendant des conflits violents. Le Comité du Mékong a été opérationnel pendant toute la guerre du Vietnam. Israël et la Jordanie ont continué leurs pourparlers sur l'eau pendant les trente ans qu'a duré leur guerre, et la commission du fleuve Indus a survécu à deux guerres entre l'Inde et le Pakistan.

Les grands fleuves apparaissent plutôt comme des éléments fédérateurs, des traits d'union qui unissent les peuples plus qu'ils ne les divisent, et on peut répondre par l'affirmative aux questions d'Erik Orsenna[133]. « Aura-t-elle assez d'eau, la planète malade que je vais laisser à mes enfants ? Assez d'eau pour

132. Bjorn Lomborg, *L'Ecologiste sceptique*, *op. cit.*
133. Erik Orsenna, *L'Avenir de l'eau...*, *op. cit.*

qu'ils boivent et se lavent? Assez d'eau pour faire pousser les plantes censées les nourrir? Assez d'eau pour éviter qu'à toutes les raisons de faire la guerre s'ajoute celle du manque d'eau?» Oui, oui, oui et oui, souvent trop.

16

Francisation plus que mondialisation : petites et grandes affaires d'eau

Les réseaux d'eau potable et d'assainissement de la planète sont, en quasi-totalité, propriété des collectivités locales ; dans les pays les moins avancés, il arrive qu'ils appartiennent à l'Etat ou à des sociétés d'Etat. On pense à l'ONEP, Office national de l'eau potable, au Maroc ou aux quatre Offices régionaux des eaux au Liban. Parler de « privatisation » est donc inexact, pour ce qui concerne les réseaux eux-mêmes et leur stratégie de développement, fille de l'urbanisme, compétence régalienne des villes ou des Etats.

Lorsque la collectivité locale assure elle-même le fonctionnement de son réseau, avec ses propres personnels, on parle de « régie directe ». La collectivité peut aussi faire le choix de la « gestion déléguée ». Est confiée alors à une entreprise privée la gestion technique et commerciale du réseau, au travers de contrats dits d'« affermage » qui s'apparentent à la location-gérance. La loi, en France, encadre de manière précise les « délégations de service public ». Certains ouvrages, à la fois très techniques et coûteux, peuvent, en France comme à l'étranger, faire l'objet d'un traité de « concession». Par exemple, une usine d'épuration. L'investissement est réalisé par une entreprise privée, qui se rembourse progressivement sur les ventes d'eau pendant une durée donnée. En fin de concession, l'investissement entre dans le patrimoine public de la collectivité. Nous y reviendrons.

Mondialisation ou francisation ?

La «mondialisation» des entreprises de l'eau ne traite donc pas de la ressource elle-même mais de sa gestion. Elle est d'abord française. Nos «majors», issues des deux grandes sociétés historiques nées à Lyon dans la seconde moitié du XIXe siècle, à savoir la «Générale des eaux», en 1853, puis la «Lyonnaise des eaux et de l'éclairage», filiale du Crédit Lyonnais, en 1880 sont fortement présentes à l'international. Il en est également ainsi de la SAUR, filiale du groupe Bouygues, de création plus récente. Aucun autre pays que la France n'a encore, avec la même ampleur, exporté son savoir-faire en termes de distribution d'eau et d'assainissement. Mais la concurrence s'éveille, et nos «majors», avatars de la Générale et de la Lyonnaise, respectivement Véolia Eau (filiale du groupe Véolia Environnement) et Suez Environnement (filiale de GDF-Suez), ne distribuent qu'environ 1 % de l'eau de la planète. On se s'étonnera pas que les Chinois se lancent, eux aussi, sur ce créneau hors de l'empire du Milieu. Plus près de nous, AGBAR, la société des eaux de Barcelone, s'efforce de prendre des marchés hors de Catalogne et d'Espagne, notamment en Amérique latine.

Affermage et concessions : deux formes de délégation de service public

L'affermage est une forme classique et ancienne de délégation de service public, elle est fréquemment utilisée par les collectivités locales et leurs groupements, au travers de « traités d'affermage » pour la gestion des services d'eau potable et d'assainissement. La collectivité délégante assure les investissements. Le « fermier », une société privée, supporte les frais d'exploitation et d'entretien courant. Il se rémunère directement auprès de l'usager selon des conditions de facturation prévues dans le traité d'affermage, y compris les conditions éventuelles de révision ; par ailleurs, pour financer les investissements qui restent à sa charge, la collectivité vote chaque année la part du tarif qui lui reviendra.

L'affermage est la règle pour les grandes villes. Il ne s'agit pas de privatisation à proprement parler. En effet, en termes de souveraineté, le réseau reste à 100 % la propriété de la collectivité, la stratégie de développement reste également de la compétence du maire ou du président de communauté. Le prix de l'eau demeure fixé par l'autorité politique locale. Le fermier ne fait aucun investissement, c'est un pur prestataire de service. Depuis la « loi Sapin » de 1993, la mise en concurrence périodique de l'affermage est une obligation.

Le chiffre d'affaires des entreprises délégataires, les « majors », est supérieur à l'étranger. Ainsi, elles amortissent leurs importants budgets de recherche, et l'usager français peut bénéficier de ces acquis. Il est vrai que l'expérience historique cumulée de ces entreprises provient bien des très nombreuses délégations de service public dont elles ont bénéficié en France.

Le prix de l'eau en gestion déléguée serait de 13 % supérieur à celui qu'on observe en régie directe. Un argument utilisé par les opposants à la délégation de service public, appelée « privatisation » de manière inappropriée.

Le plus souvent, l'analyse montre que l'amortissement du réseau et le coût de son développement ne sont pas comptabilisés en régie directe. Electoralisme ou démagogie peuvent conduire certains maires à minorer le prix de l'eau par rapport à son prix de revient réel. Les petites communes font alors appel à des subventions, notamment celles du département, dans les phases d'extension ou de renouvellement du réseau. La gestion déléguée n'apparaît pas comme plus onéreuse si on comptabilise investissement, renouvellement et fonctionnement. Par ailleurs, il est clair que la recherche-développement ne peut pas être organisée ni financée par chacun des 3600 gestionnaires publics de réseau en France. Les collectivités locales ne peuvent pas s'appuyer sur un institut technique spécialisé qui serait, par hypothèse, consacré à la recherche-développement de la distribution de l'eau et du traitement des eaux usées. Cet institut technique n'existe pas, et le CEMAGREF[134] n'est que marginalement présent sur ce créneau.

Quoi qu'il en soit, le débat entre partisans de la régie directe et ceux qui soutiennent les avantages de la gestion déléguée n'est pas clos. Les collectivités locales restent fondamentalement libres de choisir entre les deux systèmes.

La concession

La concession est l'autre forme de délégation de service public. Une collectivité y recourt quand elle n'a ni le financement ni les compétences pour construire et faire fonctionner un équipement. Les Etats les utilisent aussi pour limiter des dépenses qualifiées de « publiques », décision comptable plus qu'économique. L'affichage est alors d'ordre politique, les décideurs peuvent ainsi qualifier l'opération de « privée », alors qu'elle relève *in fine* du secteur « public » !

La concession se distingue de l'affermage par la prise en charge, côté concessionnaire, des investissements et de l'exploitation de l'ouvrage pendant une durée donnée. Le concessionnaire se rémunère directement auprès de l'usager par une redevance fixée par le traité de concession. La collectivité délégante étant dégagée de toute charge financière d'investissement, en contrepartie elle accepte une durée de concession généralement plus longue que l'affermage. La durée

134. Centre d'études du machinisme agricole, du génie rural, des eaux et des forêts.

maximale est fixée à vingt ans par la loi dans le domaine de l'eau potable, de l'assainissement, des ordures ménagères et autres déchets.

On retrouve ce type de contrat pour 90 % des autoroutes de France, les aéroports, les ports, le tunnel sous la Manche, le viaduc de Millau, les parcs de stationnement, etc. Personne ne s'en étonne, et ce mode de financement et de fonctionnement est bien accepté par l'opinion publique, pour ces équipements. Toutefois, il soulève des réticences lorsqu'il s'agit d'eau, même si, à l'issue de la période, l'équipement revient dans le patrimoine de la collectivité.

L'ÉVOLUTION DE LA GESTION DÉLÉGUÉE EN FRANCE[135]

La gestion déléguée concerne deux tiers de la population, dans 20000 communes. Le mouvement vers plus de gestion déléguée s'est poursuivi jusqu'au tournant du XXe siècle. En 2011, ce mouvement marque un pallier, pour différentes raisons : saturation des possibilités, arrivée à échéance des concessions, volontés politiques de reprendre la main ; soulignons cependant que les Français sont satisfaits des services d'eau et d'assainissement, majoritairement en gestion déléguée.

En effet, une étude intitulée « Baromètre national de la performance sociétale des collectivités » indique que l'assainissement et la distribution de l'eau figurent en

135. Source : site Internet, www.lesentreprisesdeleau.com

tête des services municipaux les plus appréciés des Français. Selon l'agence de notation « Public Evaluation System » et l'institut de sondage Opinion Way[136], l'indice de satisfaction pour ces services est le plus élevé avec un taux de 78 %, puis viennent les équipements dans les écoles primaires (76 %), les transports scolaires et la distribution d'énergie (tous deux à 75 %), les équipements sportifs (71 %), et, en bas de tableau, la politique de circulation et de stationnement avec un taux de 47 %.

Veolia

Avec un effectif de 95 000 personnes et un chiffre d'affaires de 12 milliards d'euros en 2010, l'activité principale de Veolia Eau, autrefois appelée « Générale des eaux », est d'assurer la gestion déléguée de services d'eau et d'assainissement, pour le compte de collectivités publiques et d'entreprises. Elle réalise 55 % de son chiffre d'affaires à l'export et 45 % en France. Les trois quarts des activités à l'export ont lieu en Europe.

Veolia Eau est présente dans 77 pays. Elle alimente près de 95 millions de personnes en eau potable dans le monde et plus de 68 millions en services d'assainissement. Ses métiers couvrent toute la gamme du prélèvement de l'eau dans les rivières ou les nappes, à la production et l'acheminement d'eau potable. Il en est de même pour les eaux usées : collecte, transport et dépollution. Veolia Eau propose en outre aux indus-

136. *Id.*

triels des technologies spécifiques : approvisionnement en eau de procès, eau de refroidissement, traitement, recyclage et valorisation des effluents, et dessalement de l'eau de mer. A la suite de pertes d'exploitation au premier semestre 2011, l'entreprise a déclaré vouloir se replier sur 40 pays. Des concessions non rentables, y compris en Italie ou aux Etats-Unis, l'ont conduite à provisionner des créances douteuses, d'où les pertes récentes observées. L'entreprise s'inquiète également de la montée de risques politiques dans les pays arabes et des exigences constantes de baisse du prix de l'eau par les autorités concédantes. La rentabilité baisse alors que son endettement pèse.

Restent de belles références et de nouveaux contrats de gestion déléguée de services de l'eau : Bucarest, Berlin, Indianapolis et Shanghai, signés en 2002, Doha, la capitale du Qatar, pour la gestion de ses eaux usées (contrat signé en 2009), la concession de la station d'épuration du Grand Prado à la Réunion en 2010, enfin et surtout le contrat de délégation de service public du SEDIF (Syndicat des Eaux d'Ile-de-France) pour douze ans (chiffre d'affaires cumulé d'environ 3 milliards d'euros) signé en 2010. L'entreprise reste aussi la compagnie fermière de la Communauté urbaine de Lyon au moins jusqu'en 2017.

Suez Environnement

Suez Environnement, précédemment nommée « Lyonnaise des eaux », est le deuxième groupe mondial de la gestion de l'eau et des déchets, derrière Veolia

Environnement. Au 31 décembre 2010, Suez Environnement, filiale du groupe « GDF-Suez », publiait un chiffre d'affaires de 13 869 millions d'euros et employait 79 554 collaborateurs. Cette entreprise est présente dans 27 pays mais les relations avec les gouvernements n'ont jamais été simples et le sujet de l'eau est éminemment politique. Cette entreprise alimente en eau potable 91 millions d'habitants. Avec ses 10 000 usines de traitement dans le monde, elle leur fournit 3,8 milliards de m^3 d'eau potable par an et donne accès aux services d'assainissement à 61 millions d'habitants.

En 2008, Suez Environnement est introduite en Bourse, dans le cadre de la fusion de Suez et Gaz de France. L'histoire bégaie. La lointaine descendante de la vieille « Lyonnaise des eaux et de l'éclairage » revient assez massivement vers le secteur de l'énergie, dans le gaz et l'électricité. Et la compagnie fondée en 1860 par Ferdinand de Lesseps pour financer le canal de Suez n'a jamais été dissoute, même si elle a perdu le canal. Restée pendant cent cinquante ans un fleuron du capitalisme français, elle a pu prendre une partie du capital de Gaz de France après la décision de privatisation partielle du groupe gazier sous la pression de Bruxelles et la volonté de Nicolas Sarkozy, alors ministre de l'Economie et des Finances.

La difficulté d'exporter ce savoir-faire : heurs et malheurs des « majors » à l'international

La France étant, pour l'essentiel, bien équipée, la voie d'expansion du savoir-faire français ne pouvait être que l'international. La demande y est forte, même si elle n'est pas toujours solvable. Une majorité des projets d'affermage ou de concession ont été des succès, notamment en Europe. Toutefois, des échecs politico-techniques ont été notés, comme ceux de Suez Environnement en Argentine et en Hongrie, assez largement compensés par un brillant succès en Algérie.

Argentine[137] : concessions trop coûteuses

En 1993, l'Etat argentin décide de créer une société spéciale pour l'agglomération de Buenos Aires : Aguas Argentinas, consortium dirigé par la Lyonnaise des eaux de l'époque. Il s'agit d'une concession, et non d'un affermage, établie pour trente ans, sur une aire urbaine regroupant plus de 9 millions d'habitants. En début de concession, la desserte est de 71 % pour l'eau potable et 57 % pour l'assainissement. Les objectifs fixés au concessionnaire sont l'extension des réseaux d'eau potable, la rénovation de l'infrastructure obsolète dans la partie centrale et la construction d'usines de traitement des eaux usées pour éviter le déversement

137. Source : Bernard de Gouvello *et al.*, *L'Eau mondialisée*, La Découverte, 2010.

direct dans le Rio de la Plata. Etabli par étapes jusqu'en 2023, ce plan devait permettre d'atteindre les 100 % de desserte en eau comme en assainissement, à cette échéance.

Mais la vie de cette concession est vite tumultueuse. En 1994, l'entreprise obtient une augmentation de tarif de 13,5 %. Les négociations reprennent quelques années plus tard pour modifier la redevance de raccordement au réseau, et surtout pour obtenir le report de la réalisation de l'usine de traitement des eaux usées. Une nouvelle augmentation de 15 % est obtenue, mais elle tombe pendant la crise de l'Argentine en 2002. Le peso perd sa parité, les comptes bancaires des particuliers sont bloqués, le chômage explose, et les caisses de l'Etat et des collectivités sont vides. La loi d'urgence bloque tous les tarifs. Après de nouvelles négociations, Aguas Argentinas suspend les démarches entamées auprès du CIRDI[138]. A partir de 2005, le gouvernement cherche un nouvel opérateur, puis résilie le contrat pour faute du concessionnaire. Il est reproché au concessionnaire « un taux de nitrate trop élevé et des manquements en ce qui concerne les niveaux de pression d'eau et les investissements relatifs à l'extension des services ». L'Etat argentin crée une nouvelle structure, Agua y Sanamientos Argentinos, en 2007. Le groupe « Lyonnaise-Suez », qui en a été exclu, ouvre un nouveau contentieux auprès du CIRDI pour demander un milliard de dollars en compensation des préjudices subis. Suez considère, toutefois, que ses seize ans de

138. Centre international de règlement des différends sur les investissements

présence en Argentine ont été un brillant succès technique : une bonne architecture des différents réseaux a notamment été mise en place.

La volonté des Argentins de traiter les effluents de Buenos Aires avant de les envoyer dans le Rio de la Plata est fondée sur le plan écologique, mais ce n'était pas forcément une priorité, dans un contexte économique incertain. En effet, les 10 m^3/s déversés par les effluents de Buenos Aires se diluent dans un des plus grands fleuves du monde, le Rio de la Plata, dont le débit à l'embouchure est de 20 000 m^3/s avant de se perdre en mer. Or le pouvoir autoépuratoire des océans pour la pollution organique est élevé, et la situation avant 1993 ne montrait pas d'impact sérieux de la pollution de la capitale argentine dans l'océan.

Hongrie : le casse du siècle

A l'automne 2009, Pécs, ville hongroise de 160 000 habitants, a été le théâtre de l'expropriation de la filiale du groupe Pécs Waterworks. « L'eau hongroise aux Hongrois » fut le slogan lancé par le maire de Pécs, Viktor Orbán[139], dirigeant du parti de droite ultra-nationaliste, le Fidesz. A la différence de Buenos Aires, la municipalité avait gardé la majorité de cette filiale à 51 %, et tous les cadres dirigeants étaient hongrois. Alors qu'un audit des services publics, en 2009, ne constate pas d'anomalie et que la compagnie dégage des marges positives, le maire Viktor Orbán affirme

139. Désormais ministre-président de la Hongrie depuis la victoire de son parti aux législatives de mai 2010.

avoir découvert des «éléments choquants». On reproche aux dirigeants de l'entreprise, tous hongrois donc, de favoriser «l'expansion commerciale au détriment des consommateurs». Début octobre 2009, le conseil municipal décide de créer une nouvelle société; il envoie en pleine nuit des hommes de main prendre possession des bureaux. Leur accès est refusé dès le lendemain à l'ancienne équipe[140].

Après s'être «fait la main» à Pécs sur Suez Environnement, Viktor Orbán, devenu président de la République, a pu étendre son «hold-up» sur la Hongrie tout entière : modification de la Constitution au profit de son parti, disparition du mot «république» dans ladite Constitution, qui, en outre, est non conforme au droit européen pour les Etats membres, muselage de l'opposition et des médias, refus d'obtempérer aux injonctions de Bruxelles ou du FMI, dévaluation du forint, la monnaie hongroise, qui perd toute sa valeur par rapport à l'euro, déficit budgétaire, faillite prévisible du pays, etc. Les histoires d'eau rejoignent tristement l'histoire!

Algérie : des résultats spectaculaires[141]

En 2006 à Alger, le diagnostic conjoint de l'Office national de l'assainissement (ONA) et l'Algérienne des Eaux (ADE) aboutit à l'élaboration d'un plan d'action visant à la modernisation des systèmes et au rétablisse-

140. Joëlle Stolz, «La ville de Pécs exproprie sans ménagement une filiale de Suez Environnement pour renationaliser la gestion de son eau», *Le Monde*, 20 février 2010.

141. Source : site Internet officiel de Suez-Environnement.

ment de la distribution en continu de l'eau sur une période de cinq ans. La décision a également été prise de réunir les services d'eau et d'assainissement de la wilaya d'Alger (Collectivité publique territoriale d'Alger couvrant 57 communes) dans une structure commune et d'en confier la gestion à Suez Environnement. Signé en 2006 pour cinq ans entre Suez Environnement et ses partenaires, le plan Alger H24 qui a découlé de cette alliance s'est fixé quatre objectifs majeurs : rétablir une distribution d'eau de qualité vingt-quatre heures sur vingt-quatre, renforcer la prise en charge et le fonctionnement des systèmes d'assainissement, remettre à niveau et gérer durablement les ouvrages et installations d'eau et d'assainissement, mettre en place une gestion clientèle moderne et efficace pour améliorer la satisfaction des clients.

En 2011, juste avant le renouvellement du contrat, des résultats spectaculaires pour les Algérois ont été atteints, et notamment 100 % de l'eau distribuée est potable et disponible vingt-quatre heures sur vingt-quatre, sept jours sur sept, contre seulement 8 % en 2006, et 53 % de la population de la wilaya d'Alger est raccordée à un service d'assainissement contre 6 % en 2006. Aussi, 64 des 72 plages d'Alger sont maintenant autorisées à la baignade alors qu'il n'y en avait que 39 en 2006.

Retour en France : l'emploi dans le secteur de l'eau[142]

L'emploi dans les services d'eau et d'assainissement, dans les collectivités et chez les opérateurs privés, est de l'ordre de 60 000 salariés dont 33 000 pour les entreprises et 27 000 agents sous statut de la fonction publique territoriale. Les entreprises opèrent sur un secteur dynamique et porté par les enjeux essentiels de l'environnement, ce qui implique une politique volontariste d'emploi et de formation (4,6 % de la masse salariale). Le taux de CDI est de 94 %, et ce secteur enregistre le plus faible taux de *turn-over* de l'ensemble du secteur des services. Pour ces entreprises la fidélisation du personnel fait partie de la stratégie de leurs ressources humaines.

Retour en France : la recherche et l'innovation, les atouts concurrentiels

Les entreprises de l'eau investissent chaque année plus de 140 millions d'euros dans le développement de nouvelles technologies et mobilisent ainsi plusieurs centaines de chercheurs et d'ingénieurs. Elles déposent chaque année plus de 50 nouveaux brevets. L'innovation la plus connue du public est sans doute le télé-relevé, qui permet au consommateur de superviser

142. Source : site Internet officiel de leur fédération : lesentreprisesdeleau.com

et d'agir sur ses consommations domestiques quasiment en temps réel, et de surcroît les abonnés ne sont plus dérangés par la relève des compteurs. Toutefois, 4 % seulement des foyers français sont télé-relevés à ce jour, mais la généralisation du dispositif est programmée.

Les entreprises de l'eau innovent aussi dans des domaines moins « visibles » : techniques d'analyse pour la recherche et l'élimination des micropolluants dans l'eau, techniques quasi instantanées d'analyse de la qualité des eaux de baignade, procédés de filtration de l'eau par membrane, dessalement de l'eau de mer avec une recherche de la réduction des consommations énergétiques, développement de pompes à chaleur dans les réseaux d'assainissement...

Idées pour les pays moins avancés : le « business » de l'eau au Burkina Faso

Dans ce pays d'Afrique tropicale pauvre, la croissance est de plus de 6 % depuis le tournant du siècle. La stabilité politique, la mise en valeur des mines d'or, la présence massive d'ONG, la gentillesse de la population, son ardeur au travail, l'absence de problèmes ethniques ou religieux sont des atouts solides. Classé pour l'instant dans la catégorie des pays les moins avancés, le Burkina pourrait, dans une dizaine d'années, basculer dans le camp des pays à revenus intermédiaires.

Le taux d'équipement des villages en forages modernes, ceux équipés d'une pompe manuelle, est de

50 %. Quinze mille forages sont en place, il en manque quinze mille autres pour satisfaire les besoins ruraux : un forage pour 300 habitants et jamais plus d'un kilomètre pour aller de la maison au forage.

Le gouvernement burkinabé a mis en place un ensemble de lois et décrets rendant obligatoire par les usagers le paiement de l'eau de ces forages. Chaque village doit mettre en place une AUE, Association des usagers de l'eau. Les tarifs sont fixés démocratiquement par l'AUE ainsi que le mode de paiement : soit un forfait mensuel par famille, par exemple 2 euros par mois, soit par comptage de chaque seau ou cuvette pompée chaque jour, 10 centimes d'euro par exemple. Les recettes doivent être déposées sur un compte à la caisse populaire. 20 % des recettes doivent être reversées à la commune rurale (qui regroupe entre 20 et 100 villages). Sous l'autorité du maire, ce dernier doit organiser et financer, avec les sommes collectées, la maintenance préventive des pompes en organisant et finançant la visite d'un technicien une fois par an. La probabilité de pannes s'en trouve réduite de manière significative. En revanche, c'est l'AUE du village local qui doit assurer, avec les 80 % restants du produit des ventes d'eau, toutes les maintenances curatives, c'est-à-dire réparer les pannes de la ou des pompe(s).

Toutes les communes et tous les villages du Burkina Faso n'ont pas encore mis en place l'ensemble de ce dispositif, mais le cadre est donné, l'impulsion politique et administrative est forte, les préfets surveillent la mise en place de ce paiement obligatoire. Bailleurs de fonds et ONG sont également vigilants. A l'horizon de quelques années, on peut penser que le pays aura mis en place, dans ses 300 communes rurales, ce dispositif original. Même chez les plus pauvres, la gratuité n'a que des effets pervers. La mise en place de ce petit « business » de l'eau, largement autogéré, est le gage de la pérennité de l'accès à l'eau pour tous.

Dans les grandes villes, l'Office national de l'eau et de l'assainissement, l'ONEA, une société d'Etat 100 % burkinabé, donne satisfaction. La totalité de ses ingénieurs et cadres sont des nationaux. Elle a su trouver des financements importants, notamment auprès de la Banque mondiale, pour des équipements lourds comme le barrage de Ziga, alimentant la ville de Ouagadougou en eau potable. Les « majors » françaises sont présentes en Côte-d'Ivoire, mais sont absentes du Burkina. L'ONEA est bien géré et gagne de l'argent car tout client qui ne paie pas se voit couper l'eau immédiatement. Cela dit, les tarifs de l'eau sont progressifs, et les consommateurs modestes paient moins cher, par mètre cube, que les riches. Cet office public démontre que le « business » de l'eau peut parfaitement fonctionner dans un pays pauvre, de manière autonome et souveraine, au service du développement économique et social du pays.

La privatisation de l'eau mondiale n'est pas pour demain, mais il faut souligner que les grandes entreprises de l'eau ont permis que ce secteur s'adapte et se modernise en faisant, seules, recherche et développement sur le traitement et la distribution de ce service public essentiel. Elles sont un atout pour la France et pour le monde.

Conclusion

L'imposture hydrologique

Ce voyage se termine et avec lui notre désir de montrer l'intérêt de l'hydrologie, notre prisme d'analyse des opinions charriées par ces histoires d'eau. Des paramètres simples, comme le coefficient de ruissellement, et quelques outils statistiques rudimentaires auront, nous l'espérons, déculpabilisé pour toujours ceux qui aiment prendre des bains plutôt que des douches et enlevé toute inquiétude à la très grande majorité des irrigants.

L'hydrologie chiffre aussi la probabilité des événements rares, comme les grandes inondations et les longues sécheresses, mais toute sa raison s'efface devant les images des drames que la nature provoque en se réservant la surprise du moment. Les hommes cherchent alors à donner un sens autre que rationnel et à trouver, sinon des coupables, du moins des responsables. La corde sensible se substitue à la connaissance scientifique. L'imposture hydrologique règne. Elle est multiforme.

L'imposture c'est, d'abord, de ne pas chiffrer la ressource en eau et d'affirmer, sans preuve et sans vergogne, le manque d'eau, les sécheresses à venir, les consommations irresponsables, la nécessité de ne pas gaspiller le « précieux liquide ».

L'imposture, c'est de culpabiliser les « consommateurs » pour « économiser » quelques litres d'eau, alors que coulent sous leurs yeux, chaque seconde, des milliers de mètres cubes qui iront se perdre en mer.

L'imposture, c'est de laisser croire que l'eau domestique est « consommée » alors qu'elle est recyclée, notamment en France, où elle retourne pour l'essentiel au milieu naturel après épuration.

L'imposture, c'est de prétendre qu'un printemps sec peut menacer la nappe de la Beauce, alors que cette dernière possède un stock de 30 milliards de m^3. Les producteurs de maïs irrigué de la Beauce ne consomment « que » 100 000 m^3 par an, soit 0,00003 % du stock disponible. Aussi, en supposant que cette nappe ne reçoive plus jamais d'eau d'infiltration, hypothèse peu probable, les irrigants de la Beauce mettraient, à ce rythme, trois cent mille ans avant de l'épuiser.

L'imposture, c'est de feindre d'ignorer que les racines des végétaux ne descendent jamais jusqu'à la nappe phréatique. Les plantes annuelles exploitent les réserves d'eau des sols sur une trentaine de centimètres, les plus superficiels, alors que les nappes ne commencent le plus souvent qu'à vingt mètres de profondeur. Les capacités de l'humus à retenir l'eau et à la libérer pour les plantes n'ont aucun rapport avec l'existence éventuelle d'une nappe phréatique sous-jacente.

L'imposture, c'est de mettre en place un système de « récupération de l'eau de pluie », sur le nouveau siège de la région Rhône-Alpes, construit au confluent du Rhône et de la Saône. Or, à Lyon, ce bâtiment va peut-être récupérer 1 000 m^3 par an, d'une eau non potable. Cela, à grands frais, satisfait les élus écologistes, mais cette eau sale a-t-elle un autre destin que de retourner au Rhône, où passe en moyenne, chaque seconde, là, sous les fenêtres de ce même bâtiment public, un débit moyen du même ordre de grandeur mais par seconde (1 000 m^3, par seconde donc) ? Assez rigolo et très onéreux !

L'imposture, c'est de donner sur le site Internet du ministère de l'Environnement et du Développement durable le chiffre de 5 milliards de m^3 pour les consommations de la France métropolitaine, chiffre exact, sans indiquer que la ressource moyenne annuelle est de 175 milliards de m^3. Il pourrait être rassurant de savoir que la consommation d'eau en France ne représente qu'entre 2 et 3 % de la ressource.

L'imposture, c'est d'évoquer le problème d'approvisionnement des déserts ou des zones de transition, comme les zones sahéliennes, très sous-peuplés, sans parler des ressources en eau des bassins de l'Amazone ou du Congo, et de nous émouvoir sur le manque d'eau à Tamanrasset, sans jamais parler des inondations du Gange, du Brahmapoutre, du Mékong, du Yang Tsé et autres fleuves d'Asie qui permettent par ailleurs, en temps normal, la culture irriguée de 150 millions d'hectares de rizières et la production de 600 millions de tonnes de riz, aliment principal de l'humanité et nourriture de base de près de 3 milliards d'êtres humains.

L'imposture, teintée d'antiaméricanisme, c'est de souligner que les habitants des Etats-Unis américains consomment 700 litres d'eau par jour, contre 150 pour les Français et 20 pour les Africains, or ce chiffre de 700 litres intègre la consommation en eau d'irrigation. Si on examine les seuls usages domestiques, le volume journalier moyen des Américains (150 litres par jour et par habitant) ne diffère pas de celui des Français et, comme chez nous, leur consommation baisse.

L'imposture, c'est d'affirmer qu'il faut dix fois plus d'eau pour faire une tonne de viande qu'une tonne de céréales, alors que l'inverse est vrai et que, par ailleurs, ce raisonnement n'a aucun intérêt.

L'imposture, c'est d'affirmer qu'on «vole» l'eau aux Marocains quand on leur achète un kilo de tomates. Mais au nom de quoi les Européens leur donneraient-ils des leçons? Les Marocains préfèrent souverainement barrer leurs oueds, irriguer des tomates et les vendre sur le marché mondial, plutôt que de voir toute cette eau partir à l'océan! Où est le «vol» d'eau «virtuelle»?

L'imposture, c'est de laisser croire que l'on doit «partager de la ressource», notion qui n'a aucun sens, car la ressource est, le plus souvent, infinie par rapport aux besoins.

L'imposture, c'est l'opposition à la construction de barrages alors qu'ils bloquent les crues ravageuses, valorisent leur énergie et protègent les populations de l'aval et ne consomment pas d'eau, sauf sous climats arides.

L'imposture hydrologique

L'imposture, c'est d'ignorer que l'abondance brute mondiale est considérable. En l'absence de l'homme, en imaginant l'arrêt de toute irrigation du riz dans le Sud-Est asiatique, les fleuves de la terre rejetteraient dans les mers et océans 50 000 milliards de m^3 d'eau douce, en pure perte.

Ce livre ne fera pas pleuvoir au Sahara ou dans le désert de Gobi. Nous avons simplement voulu lutter contre les idées reçues et tenter d'en finir avec les « histoires d'eau ». Certes, ces impostures perdureront avec la paresse et l'ignorance, d'autant que nous savons, avec Marcel Proust, que « les faits ne pénètrent pas dans le monde où vivent nos croyances ». Toutefois, il nous a paru bon de donner des arguments solides et simples au lecteur de bonne foi. A lui d'en juger.

Annexes

Annexe I

Tableau global des consommations nettes d'eau en France
Comparaison de l'emploi et de la ressource globale brute

Postes de consommation	**Volume des consommations en milliards de m³**
Irrigation[1]	4,9
Evaporation dans tours de refroidissement des centrales nucléaires[2]	1,3
Divers (estimation)	1
Total	6,2
Abondance brute de la France	176
Excédent brut non consommé	170

Le même tableau par habitant de France métropolitaine (en m³)

Total des consommations par habitant en France	100 m³ environ
Total des ressources brutes par habitant	2800 m³
Excédent brut par habitant en France	2700 m³

1. Chiffre officiel du ministère de l'Ecologie et du Développement.
2. *Idem.*

Annexe II

Variation des températures moyennes depuis 1000 ans[1]

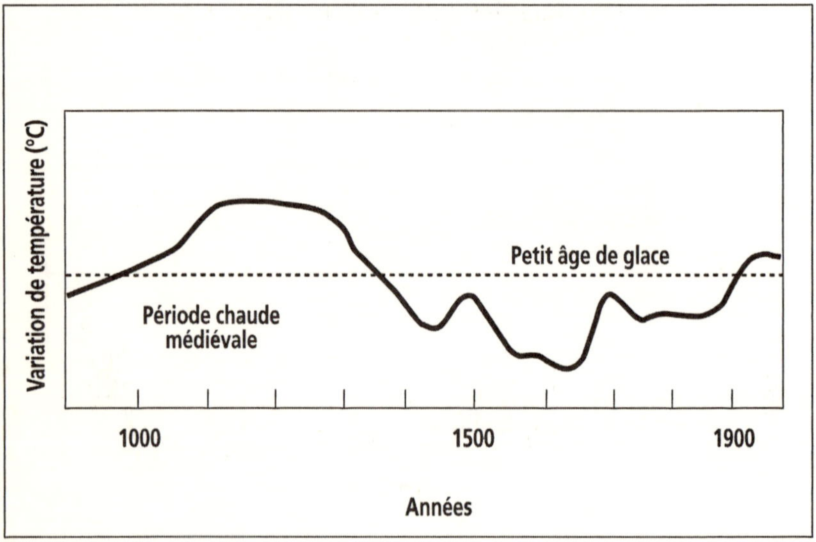

1. Graphique publié dans le rapport du GIEC 1990.

Annexe III

La courbe en crosse de Michael Mann : une manipulation statistique

Au cours des 1000 dernières années

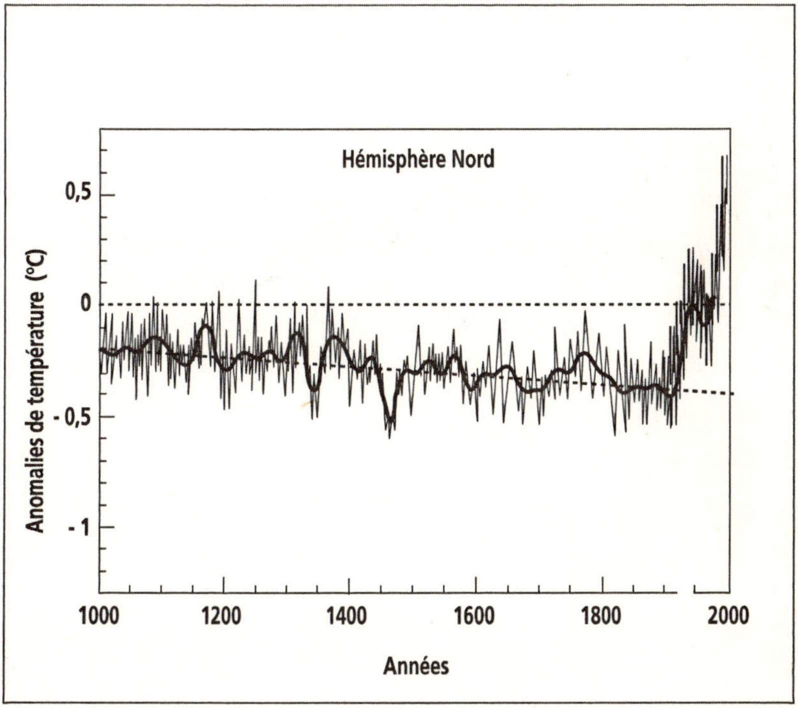

Ouvrages
de Jean de Kervasdoué

La Santé rationnée ?, Economica, 1981

La Santé intouchable : enquête sur une crise et ses remèdes, Lattès, 1996

Santé, pour une révolution sans réforme, Gallimard, « Le débat », 1999

La Qualité des soins en France, Editions de l'Atelier, « Horizons santé », 2000

Le Carnet de santé de la France 2000-2002 : rapport, Economica, 2002

La Santé mentale des Français, Odile Jacob, 2002

La Crise des professions de santé, sous la dir., Dunod, 2003

Carnet de santé de la France 2003, Dunod, 2003

L'Hôpital vu du lit, Seuil, 2004

Santé et territoires : carnet de santé de la France 2004, avec Henri Picheral, Dunod-Mutualité française, 2004

« La Régulation des dépenses de santé », Association d'économie financière, *Revue d'économie financière*, n° 76, 2004

L'Hôpital, PUF, « Que sais-je ? », 2005, 2011

Carnet de santé de la France 2006 : économie, droit et politique de santé, sous la dir., Dunod, 2006

Les Prêcheurs de l'apocalypse. Pour en finir avec les délires écologiques et sanitaires, Plon, 2007

Très chère santé, Perrin, 2009

La peur est au-dessus de nos moyens. Pour en finir avec le principe de précaution, Plon, 2011

La photocomposition de cet ouvrage
a été réalisée par
GRAPHIC HAINAUT
59163 Condé-sur-l'Escaut

Cet ouvrage a été imprimé par
CPI Firmin Didot à Mesnil-sur-l'Estrée
pour le compte des Éditions Plon
76, rue Bonaparte
*Paris 6e*
en août 2012

Imprimé en France
Dépôt légal : septembre 2012 – N° d'édition : 14861
N° d'impression : 113493